国家重点图书

专家为您答疑丛书

薄壳早实核桃栽培技术

BAOKE ZAOSHI
HETAO ZAIPEI JISHU

百问百答

张美勇　徐颖　王新亮

相昆　石立刚　编著

第 2 版

U0363225

中国农业出版社

第2版前言

　　核桃是我国重要的油料树种之一，也是农民增收的经济树种，栽培历史悠久，种质资源丰富，具有重要的经济价值和保健价值。随着生活水平的提高，人们对核桃的消费需求也越来越大。由于我国核桃生产一直延续传统的粗放栽培管理模式，致使树体生长不良，树相差，结果晚，产量低，品质差，加之苗木品质差，使得核桃的产量低，品质差，生产水平远远落后于其他核桃生产国。近年来，我国许多高校和科研院所不断加强核桃科研力度，已经选育出一批早实、薄壳的新品种，并根据早实核桃特性完善栽培技术。

　　为了使广大果农更好地了解核桃生产，提高核桃的产量和品质，增加效益，我们对《薄壳早实核桃栽培技术百问百答》一书进行了修订。此次修订主要是通过分析国内外核桃生产现状，使读者了解与国外生产的差距；更新一些品种的资料；删除一些核桃生产中不实用的或对果农意义不大的技术。希望能为我国核桃生产起到一定的指导作用。

　　本书参考和引用了国内外研究领域的著作、学术论文等，由于文献多，篇幅有限，许多文献没能一一列出，在此向各位作者和同仁表示诚挚的感谢。

编著者

2015 年 1 月

第1版前言

　　核桃是我国重要的经济林树种之一，栽培历史悠久，种质资源丰富。由于其适应性广，抗逆性强，成为我国栽培遍及南北的广域树种。其树体高大，能防风固沙，树皮、枝叶及外果皮有很高的药用价值，特别是果实独特的营养保健作用，长期以来受到人们的喜爱。近年来，随着人们生活水平的提高、生物技术的深入，核桃食品、叶片、青皮和木材用途越来越广泛，栽培需求量越来越大。从前，我国的核桃生产一直延续传统的粗放管理栽培模式，致使树体生长不良，树相差，结果晚，产量低，品质差，生产状况远远落后其他核桃生产国。近年来，我国大专院校及科研部门不断深入对核桃栽培育种的研究，选育出一批果用、材用等新品种，并根据新品种特性，不断完善栽培管理技术；研究完善补充新品种苗木繁育技术，打破了长期以来阻碍核桃品种化栽培的瓶颈。为此，我们编写此书，对我国近来核桃生产情况、各地选育的新品种、推广的新技术以及将来的发展趋势做一简单介绍，使广大核桃科研工作者和果农能从中得到些许启发，以进一步推动核桃品种化生产进程。

　　本书从我国核桃的生产现状入手，主要介绍了我国近年来选育的核桃特别是薄壳核桃新品种，重点介绍了核桃的繁育新技术；栽培技术方面加入了建设生态园的少许知识，这是我国核桃集约化商品生产的必然趋势。

　　为了体现少而精的原则，节约篇幅，对不同地区适应品种及栽培技术陈述很少。

　　由于时间紧，加之编者水平有限，缺点错误在所难免，希望读者提出意见，以利改进和共同提高。

编著者

2008 年 11 月

目录

．．．．．．．．．．．．．．．．．．．．．．．．

九、核桃病虫害防治技术

一、概 述

1. 世界核桃生产现状如何？

全世界核桃总面积（2010 年 FAO 资料）84.41 万公顷，产量 255.51 万吨。当今世界生产核桃的国家有 47 个，分布六大洲，年产万吨以上的国家 24 个，据 2010 年联合国粮食及农业组织（FAO）统计资料，中国核桃年产量 106.06 万吨，居世界首位；美国 45.72 万吨，排名第二；伊朗 27.03 万吨，名列第三。

出口核桃千吨以上的国家和地区有美国、墨西哥、法国、乌克兰、智利和中国香港。美国及欧洲各国出口带壳核桃比重较大，而亚洲国家以出口核桃仁为主。这主要是因为欧美各国重视核桃良种化、综合品质好。

2. 我国核桃生产历史及销售状况如何？

我国是核桃原产地之一，已有 2 000 多年的栽培历史。20 世纪 40 年代，全国核桃年产量不足 5 万吨，50 年代中期上升到 10 万吨，60 年代下降至 4 万～5 万吨，70 年代回升至 7 万～8 万吨，80 年代 11.74 万吨；2005 年面积 18.6 万公顷，年产量增至 49.907 万吨；至 2010 年，我国核桃收获面积为 29.95 万公顷，居四大干果之首，产量为 106.06 万吨，居第二。总趋势是产量逐年增加，波动不大。云南核桃产量稳定在全国首位，占全国产量的 18% 左右（铁核桃），新疆和四川位居第二、第三，其后是陕西、河北、山西。

核桃是中国传统出口商品，1921 年出口量达 6 710 吨，30～50 年代下降到年不足 1 000 吨；60 年代初，中国核桃取代印度打入英国市场，进而又占领德国市场，曾一度与法国、意大利形成三国鼎足局势，出口量占国际市场的 40%～50%。20 世纪 70 年代初，美国开始实现核桃品种化生产，以外观整齐、品质优良而逐渐占领部分国际市场，到 80 年代后期，由于中国核桃实生繁殖，品质优劣混杂，大小不均，外观欠佳，难与美国抗衡，致使出口量急剧下降，至 90 年代末，带壳核桃几乎被挤出国际市场。

3. 核桃有何营养价值？

核桃，又称胡桃、羌桃，与扁桃、腰果、榛子并称为世界著名四大干果。核桃既可生食、炒食，也可榨油、配制糕点、糖果；不仅味美，而且营养价值也很高，被誉为"万岁子""长寿果"。在西欧各国，核桃是圣诞节等传统节日的节日食品。

每 100 克核桃仁含优质脂肪 63.00～70.00 克、蛋白质 14.60～19.00 克、碳水化合物 5.40～10.70 克、磷 0.28 克、钙 0.08 克、铁 3.20 毫克、锌 2.48 毫克、钾 3.00 毫克、维生素 A 0.36 毫克、维生素 B_1 0.26 毫克、维生素 B_2 0.15 毫克、烟酸 1.00 毫克、核黄素 0.11 毫克、尼克酸 1.00 毫克、硫胺素 0.17 毫克，还含有少量的硒、锰、铬等矿物质和维生素 E、维生素 K 等，以及丰富的卵磷脂。

核桃仁中蛋白质含量最高可达 29.7%，其蛋白质消化率和净蛋白比值较高，效价与动物蛋白相近，氨基酸含量丰富，18 种氨基酸种类齐全，且 8 种必需氨基酸的含量合理，接近联合国粮食及农业组织（FAO）和世界卫生组织（WHO）规定的标准，是一种良好的蛋白质来源。

每 100 克核桃仁中含有谷氨酸 3.54 克、精氨酸 2.62 克、天冬氨酸 1.65 克、丝氨酸 0.93 克、异亮氨酸 328～625 毫克、亮氨酸 680～

1 268 毫克、赖氨酸 234～425 毫克、蛋氨酸 134～236 毫克、苯丙氨酸 421～711 毫克、苏氨酸 327～596 毫克、色氨酸 136～170 毫克、缬氨酸 499～753 毫克、组氨酸 447～696 毫克，特别是赖氨酸、色氨酸等 8 种人体不能自身合成而需要从饮食中获得的必需氨基酸含量相对较高。

核桃脂肪酸的主要成分是不饱和脂肪酸，约占其总量的 90%，其中人体必需脂肪酸亚油酸含量为普通菜籽油含量的 3～4 倍。核桃油酸值为 0.5～0.9，脂肪酸平均分子量为 273～276，其组成为棕榈酸约 8.0%、硬脂酸 2.0%、油酸 18.0%、亚油酸 63.0%、α-亚麻酸 9.0%、肉豆蔻酸 0.4%，其中亚麻酸是人体必需脂肪酸，是 ω-3 家族成员之一，也是组成各种细胞的基本成分。核桃仁中富含人脑必需的脂肪酸，且不含胆固醇，是优质天然的"脑黄金"。

核桃仁中含有的营养成分可弥补素食者饮食中所缺少的铁、锌、钙等微量元素和亚麻酸，是良好的天然营养补充剂。

人体对于维生素的吸收主要是通过脂溶性吸收，而核桃仁中共存的脂肪及维生素恰好符合人体生理需要，极易于吸收。核桃仁所含的维生素 E 可使细胞免受自由基氧化损害，有益于健康。因此，核桃是一种集蛋白质、脂肪、糖类、纤维素、维生素等五大营养要素于一体的优良干果类食物，具有很好的营养价值。据营养学家测定，每 500 克核桃仁相当于 500 克鸡蛋或 4 500 克牛奶的营养价值。

核桃花粉含量高，营养丰富。每个雄花序的花粉含量为 0.13～0.50 克。据分析，核桃花粉中含有蛋白质 25.38%，氨基酸总量 21.33%，可溶性糖 11.08%，以及钾、铁、锰、锌、硒等多种矿物质；花粉中的 β-胡萝素、核黄素、抗坏血酸、维生素 E 等含量也较高，核桃花粉是一种较好的天然营养保健食品资源。

4. 核桃的药用价值如何?

核桃仁具有药用价值，在我国古医药书籍中有明确记载，明李时珍《本草纲目》记述"补气养血、润燥化痰、益命门、利三焦、温肺润肠。治肺润肠。治虚寒喘咳，腰脚肿痛，心腹疝痛，血痢肠风，散肿毒，等"。宋刘翰《开宝本草》载"胡桃味甘、平、无毒。食之令人肥健，润肌黑发，取瓤烧令黑，未断烟，和松脂，研傅瘰病疮"。唐孟铣《食疗本草》中说，核桃仁能"通经脉、黑须发，常服骨肉细腻光润"。崔禹锡《食经》记载，核桃"多食利小便，去五痔"。《医林纂要》一书的评价是"补肾、润命门、固精、润大肠、通热秘、止寒泻虚泻"。可见，我国人民对核桃的营养价值和医药功能，很早就有深入的了解。

核桃本身对内、外伤，妇、儿、泌尿、皮肤等科几十种疾病均有治疗作用。如核桃油治耳炎、皮炎和湿疹，其制得的馏油对黄水疮等具有显著疗效；油炸核桃仁加糖治疗泌尿系统结石已被多处临床肯定。

中医认为核桃适用于肾亏腰痛，肺虚久咳，气喘，大便秘结，病后虚弱等症，把核桃焙烧吃，可治疗痢疾。核桃对大脑神经有益，可用于神经衰弱症辅助治疗。民间还有核桃仁、生姜同用，治肺肾两虚、久咳痰喘（包括老年慢性支气管炎、咳喘、肺气肿等），对慢性支气管炎和哮喘病患者疗效极佳。以核桃隔与芡实、薏米仁同用，治肾虚、小便频数、遗精、阳萎、痘疮不起浆及慢性化脓病等。核桃油可作缓下剂，并能驱绦虫。外用皮肤病如冻疮、疮癣、腋臭等亦有疗效。

现代医学研究认为，核桃中的磷脂有补脑健脑作用。核桃仁中含量较高的谷氨酸、天冬氨酸、精氨酸，对人体有重要生理功能。谷氨酸在人体内可促进 γ-氨基丁酸合成，从而降低血氨，促进脑细胞呼吸，可以用于治疗神经和精神疾病，如神经衰弱、精神分裂症和脑血管障碍等引起的记忆和语言障碍及小儿智力不全等。

精氨酸在人体内有助于苏氨酸循环，在人体肝脏内将大量的氨合成尿素，再由尿排出以解氨毒，所以精氨酸具有解毒、恢复肝脏功能的特殊生理作用。

核桃仁中不饱和脂肪酸主要为亚油酸和亚麻酸，这两种脂肪酸不仅有较高的营养价值，而且还具有一定的药用功效。亚油酸、亚麻酸是体内合成前列腺素（PGE）的必需物质，而 PGE 有防血栓、降血压、防止血小板聚集、加速胆固醇排泄、促进卵磷脂合成、抗衰老的特殊功效。营养学家提出，每人每日应摄入 1～2 克 $\omega-3$ 脂肪酸，以降低 $\omega-6$ 脂肪酸与 $\omega-3$ 脂肪酸的比例，可有效防治冠心病、动脉硬化和心肌梗塞。核桃是 $\omega-3$ 脂肪酸的主要来源。

5. 核桃青皮有什么用途？

《本草纲目》记载青核桃具有止痛作用。

在中医验方中，核桃青皮叫青龙衣，可用于治疗皮肤瘙痒及疼痛等病症。核桃青皮泡酒，可用于治肝胃疼痛，胃神经痛，急、慢性胃痛。20 世纪 50 年代国内外民间用青核桃泡酒剂治疗胃痛、痛经、癌症痛等，以代替吗啡、阿片酊等止痛药，已收到良好的止痛效果。

另外，鲜青皮汁（干皮煎水）可涂治顽癣。用刀削下鲜嫩核桃绿色外皮，外用可治体癣、股癣、牛皮癣、头癣及秃疮。

6. 核桃叶片有何利用价值？

核桃叶中含有大量的维生素 C、维生素 B、维生素 E、胡萝素、挥发油（香精油）、鞣质、染色物质，以及核桃醌胰岛素多糖、有机酸、无机盐、高抗炎作用的多酚复合物等多种生物化学成分，具有促进肌体强壮，对患维生素缺乏症、喉头炎、淋巴结、甲状腺肿大、结核病、黄胆病、妇科病、皮肤病等均有较好疗效。核桃树叶煎水可治全身搔痒；1% 以上浓度的核桃叶浸剂能杀灭钩端螺旋体；叶中所含的多酚复合物具有良好的抗癌作用；核桃树叶的煎剂，尚有加速体内糖的同化或降低血糖作用，并可提高内分泌等体液调节能力。

核桃叶茶呈暗绿色，成形好；茶汤色泽黄绿、澄清，有核桃叶特有的清香，口感鲜醇爽口。对核桃叶茶化学成分分析表明，该茶具有高维生素 C、高黄酮、高水浸出物、低多酚之特点，是一种理想的高维生素 C 保健茶。

7. 核桃枝条有何利用价值？

核桃枝具有疏肝理气、开郁润燥、散结解毒等功效，适于治疗乳腺癌、胃癌及痰气交阻之食道癌。近年来临床试验证实，核桃枝条加龙葵全草制成的核葵注射液，对于宫颈癌及甲状腺癌有不同程度的疗效。核桃枝条浓缩汁（或注射液）对单独型慢性气管炎有显效。

8. 如何利用核桃壳？

核桃壳超细粉是核桃壳经超微粉碎制成，硬度比较大，不容易破碎，具有一定的弹性、恢复力和巨大的承受力，适合在气流冲洗操作中作为研磨剂。在断裂地带和松散地质部分进行石油钻探与开采比较困难，这时可以用核桃壳超细粉作为堵漏剂填充，以利于钻探或开采顺利进行。在化妆品行业，由于核桃壳超细粉为纯天然物质，安全无毒，故作为一种粗糙的沙砾般添加剂，可以用在肥皂、牙膏及其他一些护肤品里，效果也非常理想。

在金属清洗行业，核桃壳经过处理后可用作金属清洗和抛光材料。比如飞机引擎、电路板以及轮船和汽车齿轮装置都可用处理后的核桃壳清洗。在高级涂料行业，核桃壳加工后添加在涂料中可使涂料具有类似塑料的质感，性能显著优于普通涂料。这种涂料可以涂在塑料、墙纸、砖以及墙板上，用以覆盖表面的裂痕。在炸药行业，炸药制造者将核桃壳超细粉添加在炸药里，与其他添加物一起大大增加了炸药的威力。

核桃壳质地厚实坚硬，是生产木炭和活性炭（医用、食品）的最佳原料。核桃壳亦可用于干馏生产，主要产品有核桃壳焦油；核桃壳焦油进行真空蒸馏加工，可制抗聚剂，可用于合成橡胶工业。用核桃壳焦油生产的抗聚剂可代替木材生产的抗聚剂，不仅可以减少木材消耗，也减少了对森林的破坏。

9. 薄壳核桃的商品价值如何？

薄壳核桃光滑、漂亮、壳薄，手捏即开，核仁饱满味香不涩，营养价值高，其价格比我国传统核桃高 1.5～2 倍，并逐年攀升，如良种薄壳核桃香玲等，2003 年收购价为每千克 12 元左右，2006—2007 年收购价为每千克 30 元以上，上涨幅度为 150%，成为国内外市场的紧俏商品。

10. 什么是早实核桃？薄壳核桃就是早实核桃吗？

核桃属于异花授粉植物。自然授粉的实生后代多为异交系，变异类型复杂，且受不同环境条件的影响，致使种内类型多样。播种后生长 2～3 年开始结果的核桃树称为早实核桃。

晚实核桃一般生长 8～10 年开始结果，而且有一些外壳也很薄，有些地方叫纸皮核桃；早实核桃比晚实核桃分支力强，从 2 年生就开始大量分支，具有二次分支和二次开花特性，核桃壳也厚薄不一。也就是说，薄壳核桃不一定是早实核桃。

11. 薄壳早实核桃的开发前景如何？

由于核桃经济、生态和社会效益颇高，成为分布遍及六大洲的广域经济树种。在我国 20 多个省、自治区、直辖市都有栽植，素有"木本粮油""铁杆庄稼"之称，较抗干旱、耐瘠薄，主要分布在山区和西部干旱地区，这些地区由于干旱、土壤瘠薄，不适宜种植水果，而发展生态林则由于农民短期内得不到经济收入难以实现，因而核桃成为边老山区、西部干旱地区发展经济的首选树种，成为这些地区农民最主要的经济来源。

我国生态与环境状况越来越严峻，生态安全问题日益突出，核桃林在为农民带来经济收入的同时，也具有保护和改善生态环境的作用。发展核桃产业，充分利用山区、干旱地区的光、热、水、土等自然资源，起到防风固沙、涵养水源、保持水土、绿化环境、净化空气等作用，有利于生态环境的良性循环，对林业的可持续发展具有现实意义。

核桃及其制品具有极高的营养价值，其保健食疗作用已得到营养专家、医学专家和消费者普遍认可，市场需求逐渐增长。市场需求与世界贸易的增长，带动了各国核桃面积、加工量的快速发展，核桃及其加工产品产量、质量不断提高，加工工艺不断改进，加工规模也相继扩大，从世界整体来讲，核桃生产仍不能完全满足国际市场和加工产业的需求，因此我国大力发展核桃产业将是对世界核桃产业发展的巨大贡献，并具有广阔的发展空间。

我国核桃产品人均消费量仍然较低，年消费量仅 0.28 千克，不足欧美国家的 50%。随着我国经济快速发展，人们生活水平提高，对食品的需求日益转向多样化、优质化、绿色无公害化，加工规模不断扩大，国内核桃市场消费量和需求量将不断增长，价格逐年攀升，我国核桃产业的发展空间巨大。

二、早实核桃生长结果习性及主要品种

12. 早实核桃对生长环境条件有何要求？

核桃属植物对自然条件有很强的适应能力。然而，核桃树对生长条件却有比较严格的要求，因此形成若干核桃主产区。超越其生态条件时，虽能生存但往往生长不良，产量低，坚果品质差，甚至失去栽培意义。影响核桃生长发育的主要生态因子有温度、光照、水分、立地条件和土壤类型以及风向、风速等。

13. 核桃对温度有什么要求？

核桃是比较喜温的树种。通常认为核桃苗木或大树适宜生长的年均温为 8～15 ℃，极端最低温度不低于-30 ℃，极端最高温度 38 ℃，无霜期 150 天以上。幼龄树在-20 ℃条件下出现"抽条"或冻死；成年树虽能耐-30 ℃低温，但在低于-28～-26 ℃的地区，枝条、雄花芽及叶芽受冻。

核桃展叶后，如遇-4～-2 ℃低温，新梢会受到冻害；花期和幼果期气温降到-1～-2 ℃时则受冻减产。生长温度超过 38～40 ℃时，果实易被灼伤，以至核仁不能发育。

铁核桃适合亚热带气候，要求年均温 16 ℃左右，最冷月平均气温 4～10 ℃，如气温过低，则难以越冬。

14. 核桃对光照有什么要求？

核桃是喜光树种，进入结果期后更需要充足的光照，全年日照量不应少于 2 000 小时，如少于 1 000 小时，则结果不良，影响核壳、核仁发育，降低坚果品质。生长期日照时间长短对核桃发育至关重要。日照时数多，核桃产量高，品质好；郁闭的核桃园一般结实差、产量低，只有边缘树结实好。

15. 核桃对水分有什么要求？

核桃不同的种对水分条件的要求有较大差异。铁核桃喜欢较湿润的条件，其栽培主产区年降水量为 800～1 200 毫米；在降水量 500～700 毫米的地区，只要搞好水土保持工程，不灌溉也可基本满足要求。而原产新疆地区降水量低于 100 毫米的核桃，引种到湿润地区和半湿润地区，则易感病害。

核桃能耐较干燥的空气，而对土壤水分状况却较敏感，土壤过干或过湿都不利于生长发育。长期晴朗而干燥的气候，充足的日照和较大的昼夜温差，有利于促进开花结果。土壤干旱有碍根系吸收和地上部枝叶水分蒸腾作用，影响生理代谢过程，甚至提早落叶；幼壮树遇前期干旱和后期多雨气候时易引起后期徒长，导致越冬后抽条干梢。土壤水分过多，通气不良，会使根系生理机能减弱而生长不良，核桃园地下水位应在地表 2 米以下。在坡地上栽植核桃必须修筑梯田、撩壕等，搞好水土保持工程，在易积水的地方须解决排水问题。

16. 核桃对地形及土壤有什么要求？

地形和海拔不同，小气候各异。核桃适宜于坡度平缓、土层深厚而湿润、背风向阳的环境条件栽培。种植在阴坡，尤其坡度过大和迎风坡上，往往生长不良，产量很低，甚至成为"小老树"，坡位以中下部为宜。同一地区，海拔高度对核桃生长和产量有一定影响。

核桃根系发达，入土深，属于深根树种，土层厚度在 1 米以上生长良好，土层过薄影响树体发育，容易"焦梢"，且不能正常结果。核桃喜土质疏松、排水良好园地。在地下水位过高和质地黏重的土壤生长不良。

核桃在含钙的微碱性土壤生长良好，土壤适应范围 pH 6.3～8.2，最适 pH 6.4～7.2。土壤含盐量宜 0.25% 以下，稍有超过即影响生长和产量，含盐量过高会导致植株死亡，氯酸盐比硫酸盐危害更大。

核桃喜肥，适当增加土壤有机质有利于提高产量。

17. 风力条件对核桃开花坐果有什么影响？

风是影响核桃生长发育的因素之一，但常容易被忽视。适宜的风量、风速有利于授粉，增加产量，但核桃树的抗风力较弱。由于其一年生枝髓心较大，在冬、春季多风地区，生长在迎风坡面的树易抽条、干梢，影响树体发育和开花结实，栽培中应加以注意，应建防风林。

18. 核桃分几种类型？

核桃属（*Juglans*）植物属于被子植物门双子叶植物纲胡桃科（Juglandaceae）。《中国核桃》（1992）一书记述我国现有核桃属植物有 3 组 9 种，即：

核 桃 组：核桃（*J. regia* L.）

铁核桃（*J. sigillata* Dode）

核桃楸组：核桃楸（*J. mndshuricaa* Max）

河北核桃（*J. hoperiensis* Hu）

野核桃（*J. cathayensis* Dode）

心形核桃（姬核桃）（*J. cordiformis* Max.）

吉宝核桃（鬼核桃）（*J. sieboldiana* Max.）

黑核桃组：黑核桃（*J. nigra* L.）

加州黑核桃（*J. hindsii* Rehd）

19. 核桃有什么植物学特征？

核桃（*J. regia* L.），又名胡桃、芜桃、万岁子等，是国内外栽培比较广泛的一种落叶乔木。一般树高 10～20 米，最高可达 30 米以上，寿命可达数百年，最长可达 500 年以上。

树冠大而开张，呈伞状半圆形或圆头状。树干皮灰白色、光滑，老树变暗有浅纵裂。枝条粗壮，光滑，新枝绿褐色，具白色皮孔。混合芽圆形或阔三角形，隐芽很小，着生在新枝基部；雄花芽为裸芽，圆柱形，呈鳞片状。奇数羽状复叶，互生，长 30～40 厘米，小叶 5～9 片，复叶柄圆形，基部肥大有腺点，脱落后叶痕大，呈三角形。小叶长圆形、倒卵形或广椭圆形，具短柄，先端微突尖，基部心形或扁圆形，叶缘全缘或具微锯齿。雄花序柔荑状下垂，长 8～12 厘米，花被 6 裂，每小花有雄蕊 12～26 枚，花丝极短，花药成熟时为黄色。雌花序顶生，小花 2～3 簇生，子房外面密生细柔毛，柱头两裂，偶有 3～4 裂，呈羽状反曲，浅绿色。果实为核果，圆形或长圆形，果皮肉质，表面光滑或具柔毛，绿色，有稀密不等的黄色斑点，果皮内有种子 1 枚，外种皮骨质称为果壳，表面具刻沟或皱纹。种仁呈脑状，被黄白色或黄褐色的薄种皮，其上有明显或不明显的脉络。

20. 铁核桃有什么植物学特征？

铁核桃（*J. sigillata* Dode），又叫泡核桃、漾濞核桃等。落叶乔木，一般树高 10～20 米，寿命可达百年以上。树干皮灰褐色，老时皮灰褐色，有纵裂。新枝浅绿色或绿褐色，光滑，具白色皮孔。奇数羽状复叶，长 60 厘米左右，小叶 9～13 片，顶叶较小或退化，小叶椭圆披针形，基部斜形，先端渐小，叶缘全缘或微锯齿，表面绿色光滑，背面浅绿色。雄花序柔荑状下垂，长5～25厘米，每小花有雄蕊25枚。雌花序顶生，小花2～4朵簇生，柱头两裂，初时粉红色，后变为浅绿色。果实圆形，黄绿色，表面被柔毛，果皮内有种子1枚，外种皮骨质，称为果壳，表面具刻点，果壳有厚薄之分。内种皮极薄，浅棕色，有脉络。

21. 野核桃有什么植物学特征？

野核桃（*J. cathayensis* Dode），落叶乔木或小乔木，由于其生长环境不同，树高一般5～20厘米。树冠广圆形，小枝有腺毛。奇数羽状复叶，长100厘米左右，小叶9～17片，卵状或倒卵状矩圆形，基部扁圆形或心脏形，先端渐尖。叶缘细锯齿，表面暗绿色，有稀疏柔毛，背面浅绿色，密生腺毛，中脉与叶柄具腺毛。雄花序长20～25厘米，雌花序6～10朵小花，呈串状着生。果实卵圆形，先端急尖，表面黄绿色，有腺毛。种子卵圆形，种壳坚厚，有6～8条棱骨，内隔壁骨质，内种皮黄褐色极薄，脉络不明显。

22. 核桃楸有什么植物学特征？

核桃楸（*J. mandshurica* Maxim.），又名山核桃、楸子核桃等。落叶乔木，高达20米以上。树冠长圆形，树干皮灰色或暗灰色，幼时光滑，老叶有浅纵裂，小枝灰色粗壮，有腺毛，皮孔白色隆起。芽三角形，顶芽肥大，侧芽小，被黄褐色柔毛。奇数羽状复叶，互生，长60～90厘米，叶总柄有褐色腺毛，小叶9～17片，柄极短或无柄，长圆形或卵状长圆形，基部扁圆形，先端渐尖，边缘细锯齿，表面初时有毛，后光滑，背面密生短柔毛。雄花序长10～30厘米，着生小花240～250朵，萼片4～6裂，每小花有雄蕊4～24枚，花丝短，花药长，杏黄色。雌花序有5～11朵小花，串状着生于密生柔毛的花轴上。花萼 4 裂，柱头两裂呈紫红色。果实卵形或卵圆形，先端尖，果皮表面有腺毛，成熟时不开裂。坚果长圆形，先端尖，表面有 6～8 条棱脊，壳和内隔壁坚厚，内种皮暗黄色很薄。

23. 河北核桃有什么植物学特征？

河北核桃（*J. hopeiensis* Hu.），又名麻核桃。落叶乔木，树高 10～20 米以上。树干皮灰色，光滑，老时有浅纵裂。小枝灰褐色粗壮光滑。叶为奇数羽状复叶，小叶 7～15 片，长圆形或椭圆形，先端渐尖，边缘全缘或微锯齿，表面深绿色光滑，背面灰绿色，疏生短柔毛。雄花序顶生，小花 2～5 个簇生，果实长圆形，微有毛或光滑，浅绿色，先端突尖，坚果长圆形，顶端短尖，有明显或不名显棱线，缝合线隆起，壳坚厚不易开裂，内隔壁发达，骨质，种仁难取。是核桃（*J. regia*）和核桃楸（*J. mandshurica*）的天然杂交种。在中国北京、河北、辽宁等地有生长。

24. 吉宝核桃的产地在哪里？

吉宝核桃（*J. sicbodiana* Maxim.），又名鬼核桃、日本核桃。原产日本，20 世纪 30 年代引入我国。落叶乔木，树高 20～25 米。树干皮灰褐色或暗灰色，有浅纵裂，小枝黄褐色，密生细腺毛，皮孔白色，长圆形，微隆起。芽三角形，顶芽大，侧芽小，其上密生短柔毛。叶为奇数羽状复叶，小叶 13～17 片，小叶长椭圆形，基部斜形，先端渐尖，边缘锯齿。叶总柄密生腺毛，小叶无柄。雄花序 15～20 厘米；雌花序顶生 8～11 朵小花，串状着生。子房和柱头紫红色，子房外面密生腺毛，柱头两裂。果实长圆形，先端突尖，绿色，密生腺毛。坚果有 8 条明显棱脊，棱脊之间有刻点，壳坚厚，内隔壁骨质，种仁难取。在中国辽宁、吉林、山东、山西等地有生长。

25. 心形核桃的分布有何特点?

心形核桃（*J. cordiformis* Dode），又名姬核桃，与吉宝核桃在形态上比较相似，主要区别在果实。果实扁心形，较小，坚果扁心形，光滑，先端突尖，缝合线两侧较窄，宽度相当于缝合线两侧的 1/2。非缝合线两侧的中间各有 1 条纵凹沟。坚果壳虽坚厚，但无内隔壁，缝合线处易开裂，可取整仁，出仁率 30%～36%。该种原产日本，20 世纪 30 年代引入我国。目前在中国辽宁、吉林、山东、山西、内蒙古等地有生长。可作为果材兼用树种在我国北方栽培。

26. 黑核桃有什么形态特征?

黑核桃（*J. nigra* L.），落叶大乔木，树高可达 30 米以上，树冠圆形或圆柱形。树皮暗褐色或灰褐色，纵裂深。小枝灰褐色或暗灰色，具短柔毛。顶芽阔三角形，侧芽三角形较小。奇数羽状复叶，小叶 15～23 片，近于无柄，卵状披针形，基部扁圆形，先端渐尖，边缘有不规则锯齿，表面微有短柔毛或光滑，背面有腺毛。雄花序长 5～12 厘米，小花有雄蕊 20～30 枚。雌花序顶生，小花 2～5 朵蔟生。果实圆球形，浅绿色，表现有小突起，被柔毛。坚果为圆形稍扁，先端微尖，壳面有不规则深刻沟，壳坚厚，难开裂。该种原产北美，目前在中国北京、南京、辽宁、河南等地有生长。

27. 薄壳核桃优良品种的标准有哪些?

优良品种应在丰产、优质的基础上能降低管理成本，适应生产和消费的需要，如抗性（病、虫、寒、土壤盐碱、瘠薄等）好，核仁品质（耐贮性、蛋白质含量、脂肪含量、矿质营养、风味等）优良，材质好，能获得更好的效益。

早实核桃优良品种具有以下优良特性：

（1）幼龄期短，开始结果较早　对于多年生果树来说，缩短幼龄期是提高经济效益的重要手段。我国各地从前栽培的核桃大多为晚实核桃，通常8～10年开始结果。从20世纪50年代开始，各地进行果树资源调查，选择结果早的资源，首先在陕西扶风发现隔年核桃，即播种后第二年开始结果，后来又在新疆发现早实核桃；60年代开始，各地相继开始引种和栽培早实核桃。由于早实核桃结果早，经济效益快且产量高，因此各地科研人员以结果早的核桃作为优良品种的重要特性进行选种育种，已选育出具有早实性状的品种十几个。

（2）分枝力强　分枝力强是不断扩大树冠和增加产量的基础。早实核桃的早期大量分枝是区别于晚实核桃的主要生物学特性之一。早实核桃从第二年就开始发生分枝，发枝率30％～43％，单株分枝量最多达18个；二年生晚实核桃分枝率只有6.5％，其余只有顶芽抽生一个延长枝。四年生早实核桃平均分枝数32个左右，最多达95个；晚实核桃平均分枝6个左右，最多9个。

二次分枝是早实核桃区别于晚实核桃的又一特性。所谓二次分枝，是指春季一次枝生长封顶以后，由近顶部1～3个芽再次抽生新枝。晚实核桃一年只抽生一次枝。

（3）坚果经济性状好　经济性状主要指坚果的品质和产量。坚果品质是衡量核桃品种优劣的主要条件之一。坚果品质由许多性状构成，通常包括坚果大小、形状、外部特征、壳皮厚薄、取仁难易、种仁饱满度、出仁率高低、种仁风味、内种皮颜色、脉络、核仁含油量、耐贮运程度等。

坚果果型端正，中等大小，壳面光滑，色泽浅亮为优良。带壳销售时，缝合线紧而平，耐漂洗也是优点之一。仁用品种的核壳厚度以及内褶壁质地也是影响品质的因素。优良品种的壳厚应在1.3

毫米左右，内隔膜延伸较窄且为纸质，内褶壁不发达或退化。核仁充实，饱满，乳黄或浅琥珀色。出仁率 50%～60% 为好，出仁率过高，往往壳薄或核仁过于充实，紧贴核壳，易压碎核仁。因此，核仁与壳之间应有一定空隙，这在机械加工取仁时尤为重要。

根据国外研究资料，实生繁殖的后代，其坚果大小、壳皮颜色及形状等变化明显而不稳定，但是坚果皮的厚薄和出仁率以及取仁难易等则相对稳定。中国林业科学研究院林业研究所研究认为，核桃在自然授粉的实生后代中，大部分优良品种能保持母树的坚果皮厚度、取仁难易的性状，单坚果大小、坚果重量却表现较大变异，这种变异与遗传因素、环境条件、栽培管理、结实量多少以及采种部位等有关。

坚果产量的高低，除受立地条件和栽培管理技术制约外，不同品种产量往往差异较大。据辽宁经济林研究所调查，在相同条件下栽培的七年生不同品种早实核桃产量可差约 2 倍。这种差异是由核桃品种的内在因素即生长与开花结实特性决定的，受遗传特性制约。核桃坚果产量的构成因素主要包括结果母枝数，侧生果枝率，坐果率，坚果单果重等。具有丰产特性的品种，结果母枝上混合芽数量多，发芽率也高。特别是侧生花芽率高是重要的丰产性状。

（4）适应性好　耐寒性指核桃品种在生命周期和年周期中适应或抵御 0℃ 以下低温和早春晚霜的能力。有的品种春季开花较早，常受晚霜危害而造成大量减产；有的开花较晚，能够避开晚霜危害。有的品种当气温降到 −2℃ 以下即发生冻害，有的能在 −25℃ 甚至 −30℃ 的低温条件下能安全越冬。

抗风性指核桃品种抵御大风的能力。大风可以造成核桃果实大量脱落，特别是果实开始硬核以后，有的品种遇到 8 级以上的大风，常造成大量果实脱落；有的品种遇到 11 级以上的风也很少果实脱落。果实大、果柄长的品种落果严重，果实较小且果柄较短的品种落果少，甚至不落果，抗风能力强。

抗病性指核桃对主要病害的免疫力。我国各地危害核桃严重的病害主要是细菌性黑斑病和炭疽病，常造成果实大量霉烂而减产，甚至绝收。选择优良抗病性品种是重要措施之一。

28. 薄壳早实核桃有哪些优良品种?

(1) 岱香　1992 年山东省果树研究所用早实核桃品种辽核 1 号做母本，香玲为父本进行人工杂交而获得，2003 年通过山东省林木良种审定委员会审定并命名。2012 年通过国家林木良种审定委员会审定。

坚果圆形，浅黄色，果基圆，果顶微尖。壳面较光滑，缝合线紧密，稍凸，不易开裂。内褶壁膜质，纵隔不发达。坚果纵径 4.0 厘米，横径 3.60 厘米，侧径 3.18 厘米，壳厚 1.0 毫米。平均单果重 13.9 克，出仁率 58.9%，易取整仁。内种皮颜色浅，核仁饱满，黄色，香味浓，无涩味；脂肪含量 66.2%，蛋白质含量 20.7%，坚果综合品质优良。

树姿开张，树冠圆头形。树势强健，树冠密集紧凑。新梢平均长 14.67 厘米，直径 0.83 厘米。平均节间长 2.42 厘米。分枝力强，为 1∶4.3。侧花芽比率 95%，多双果和三果。嫁接苗定植后，第一年开花，第二年开始结果，正常管理条件下坐果率 70%。雄先型。在山东泰安地区 3 月下旬发芽，9 月上旬果实成熟，11 月上旬落叶，植株营养生长期 210 天左右。其雌花期与辽宁 5 号、鲁果 6 号、鲁丰等雌先型品种的雄花期基本一致，可互为授粉品种。品种对比和区域试验表明，其适应性广，早实，丰产，优质。在土层深厚的平原地，树体生长快，产量高，坚果大，核仁饱满，香味浓，好果率在 95% 以上。

(2) 岱辉　从早实核桃香玲实生后代中选出，1993 年定为优系，2003 年通过山东省林木良种审定委员会审定并命名。

坚果圆形，壳面光滑，缝合线紧而平；平均单果重 13.5 克，出仁率 58.5% 左右，可取整仁，壳厚 0.9 毫米左右；核仁饱满，味香不涩，脂肪含量 65.3%，蛋白质含量 19.8%，品质优良。

树势强健，树冠密集紧凑。枝条节间平均长为 2.43 厘米。分枝力强，为 1∶3，坐果率 77% 左右。侧花芽比率 96.2%，多双果和三果。嫁接苗定植后，第一年开花，第二年开始结果。雄先型。在泰安地区 3 月下旬发芽，9 月上旬果实成熟，11 月上旬落叶，植株营养生长期 210 天左右。可用鲁丰、中林 5 号等雌先型品种作为授粉品种。在土层深厚的平原地，产量高，坚果大，核仁饱满，好果率 95% 以上。

(3) 香玲 山东省果树研究所人工杂交育成的早实品种。坚果卵圆形，平均单果重 13.2 克。壳面光滑美观，壳厚 0.8～1.1 毫米，可取整仁，出仁率 65.4%，核仁颜色浅，香而不涩，品质上等。

树势较旺，树冠半圆形，分枝力强，侧生混合芽比率 85.7%，嫁接后第二年开始结果。雄先型。果实 8 月下旬成熟，10 月下旬落叶。适应性较强，较丰产，易嫁接繁殖，坚果美观，宜带壳销售。适宜在山区、平原土层深厚的地区栽培。

(4) 丰辉 山东省果树研究所人工杂交育成，属早实品种，坚果长圆形，平均单果重 12.2 克。壳面刻沟较浅，较光滑，浅黄色；缝合线窄而平，结合紧密，壳厚 0.9 毫米左右。内褶壁退化，易取整仁。核仁充实，饱满，出仁率 66.2%，脂肪含量 61.77%，蛋白质含量 22.9%，味香而不涩。产量高，大小年不明显。

树势中庸，分枝力较强，侧生混合芽比率 88.9%。嫁接后第二年结果，坐果率 70% 左右。雄先型。山东泰安地区 3 月下旬发芽，雄花期 4 月中旬，雌花期 4 月下旬。果实 8 月下旬成熟，10 月下旬落叶。适应性较强，早期产量高，果实宜带壳销售。适宜在土层深厚、有灌溉条件的地区栽植。

(5) 鲁光 山东省果树研究所人工杂交育成，属早实品种。坚果近圆形，果基圆，果顶微尖。平均单果重 16.7 克，壳面沟浅，光滑美观；缝合线窄而平，结合紧密；壳厚 0.9 毫米左右，内褶壁退化，易取整仁。核仁充实饱满，出仁率 59.1％左右，脂肪含量 66.38％，蛋白质含量 19.9％。产量较高，大小年不明显。

树姿开张，树势中庸，树冠呈半圆形。分支力较强，侧生混合芽比率 80.76％，嫁接后第二年结果，坐果率 65％左右。雄先型。山东泰安地区 3 月下旬发芽，4 月上旬雄花开放，4 月中下旬雌花开放，8 月下旬坚果成熟，10 月下旬落叶。早期生长势强，产量中等，盛果期产量较高。果实宜带壳销售，适宜在土层深厚的山区丘陵地区栽培。

（6）鲁丰 山东省果树研究所人工杂交育成，早实品种。坚果近圆形，果顶稍尖，平均单果重 13 克。壳面多浅坑沟，不很光滑；缝合线窄，稍隆起，结合紧密，壳厚 1.0 毫米左右。内褶壁退化，横隔膜膜质，可取整仁。核仁充实饱满，色浅。出仁率 62％，含脂肪 71.2％，蛋白质 16.7％。味香甜，无涩味。

树姿直立，树势中庸，树冠呈半圆形，发枝力较强，侧生混合芽比例 86.0％，坐果率 80％。雄花量极少。雌先型。在山东泰安地区 3 月下旬发芽，雌花盛开期 4 月中旬，雄花散粉 4 月下旬。坚果 8 月下旬成熟，10 月下旬落叶。丰产性强，雄花少，适宜在土层深厚的山区丘陵地栽培。

（7）鲁香 山东省果树研究所人工杂交育成，早实品种。坚果倒卵圆形，平均单果重 12 克。壳面多浅沟，较光滑；缝合线窄而平，结合紧密，壳厚 1.1 毫米左右，可取整仁，出仁率 66.5％左右。核仁色浅，有奶油香味，无涩味，品质上等。

树势中等，树冠半圆形，分支力强，侧生花芽比率 86.0％。雄先型。嫁接后两年开始结果，在山东泰安地区 8 月下旬果实成熟，10 月下旬落叶。核仁质优，较丰产，嫁接成活率较高，适宜在土层深厚地区种植。

（8）岱丰 山东省果树研究所实生选种育成，早实品种。2000年通过山东省农作物品种审定委员会审定并命名。

坚果长椭圆形，平均单果重 14.5 克，壳面较光滑，缝合线较平，结合紧密。壳厚 1 毫米左右，可取整仁，出仁率 58.5％。核仁充实，饱满，色浅，味香，无涩味。脂肪含量 66.5％，蛋白质含量 18.5％，坚果品质上等。

树势中庸，分支力强，侧生花芽比率 81％，大小年不明显。雄先型。在泰安地区 3 月下旬发芽，4 月上旬展叶，果实 8 月下旬成熟，11 月中旬落叶。

（9）鲁核 1 号　山东省果树研究所实生选种育成，早实品种，果材兼用型。

坚果圆锥形，浅黄色，果顶尖，果基平圆，壳面光滑，缝合线稍凸，结合紧密，不易开裂，壳有一定的强度，耐清洗、漂白及运输。平均单果重 13.2 克，壳厚 1.2 毫米左右，可取整仁，出仁率 55.0％，脂肪含量 67.3％，蛋白质含量 17.5％，内种皮浅黄色，无涩味，核仁饱满，有香味。

树姿直立，生长快，幼龄树三年生干径平均生长 2.3 厘米，树高年平均生长 2.5 米。母树新梢长 23.3 厘米，粗 0.79 厘米，胸径年生长量 1.35 厘米。以中长果枝结果为主，丰产潜力大，稳产性强。雄先型。8 月下旬果实成熟，11 月上旬落叶。

（10）鲁果 2 号　山东省果树研究所从新疆早实核桃实生后代中选出，2012 年通过国家林木良种审定委员会审定。平均单果重 14.5 克，柱形，顶部圆形，基部一边微隆，一边平圆。壳面较光滑，有浅纵纹，淡黄色，缝合线紧、平，壳厚 0.8～1.0 毫米，易取整仁，出仁率 59.6％。核仁饱满，色浅味香，蛋白质含量 22.3％，脂肪含量 71.36％，综合品质优良。

树势强，生长快。雄先型。嫁接苗定植后第二年开花，第三年结果，高接树第二年结果。母枝分支力强，坐果率 68.7％，侧花芽比率 73.6％，多双果和三果，以中长果枝结果为主，丰产潜力大，稳产性强。但生长前期旺盛，产量较低，随树龄增大产量增高，生长减慢，丰产潜力大。高接树 6～8 年进入丰产期。

（11）鲁果 3 号　山东省果树研究所从新疆早实核桃实生后代

中选出，2007 年通过山东省林木良种审定委员会审定。单果重 11.5 克左右，圆形，浅黄色，果基圆，果顶平圆，壳面较光滑，缝线边缘有麻壳，缝合线紧密，稍凸，不易开裂。内褶壁膜质，纵隔不发达。坚果纵径 3.94 厘米，横径 3.40 厘米，侧径 3.14 厘米，壳厚 0.8 毫米左右。仁重 7.4 克，内种皮浅，易取整仁，核仁饱满，浅黄色，香味浓，无涩味。出仁率 64%，蛋白质含量 21.38%，脂肪含量 69.8%，坚果综合品质上等。

树势较强，树冠开张。幼树期生长旺盛，新梢粗壮。髓心小，占木质部 42.0%。随树龄增加，树势缓和，枝条粗壮，萌芽力、成枝力强，分支力强，为 1:3.3。嫁接苗定植后，第一年开花，第二年开始结果，坐果率 70%。侧花芽比率 87%，多三果和四果。雌先型。

（12）鲁果 4 号　山东省果树研究所实生选出的大果型核桃品种，2007 年通过山东省林木良种审定委员会审定。平均坚果重 17.5 克，最大坚果重 26.2 克，卵圆形，壳面较光滑，缝合线紧，稍凸，不易开裂。壳厚 1.1 毫米左右，可取整仁，出仁率 55.21%。内褶壁膜质，纵隔不发达。内种皮颜色浅，核仁饱满，色浅味香。蛋白质含量 21.96%，脂肪含量 63.91%，氮 3.51%，每百克核仁含磷 5.43 毫克/克、钾 2.68 毫克/克、钙 2.54 毫克/克、镁 0.75 毫克/克、锰 4.5 毫克/100 克、锌 2.3 毫克/100 克。坚果综合品质上等。

树势强健，树冠长圆头形。幼树期生长旺盛，新梢粗壮，髓心小，占木质部 42.0%。随树龄增加，树势缓和，枝条粗壮，萌芽力、成枝力强，为 1:4.3。

嫁接苗定植后，第一年开花，第二年开始结果。雄先型。正常管理条件下坐果率 70%。侧花芽比率 85%，多双果和三果。结果母枝抽生的果枝多为中长果枝，果枝率高达 81.2%。

（13）鲁果 5 号　山东省果树研究所实生选出的大果型核桃品种，2007 年通过山东省林木良种审定委员会审定。平均坚果重 17.2 克，最大坚果重 25.2 克，卵圆形，壳面较光滑，缝合线紧平，壳厚 1.0 毫米左右，可取整仁，出仁率 55.36%。核仁饱满，色浅味香。蛋白质含量 22.85%，脂肪含量 59.67%，氮 3.66%，每百克核仁含磷 5.59 毫克/克、钾 2.66 毫克/克、钙 2.11 毫克/克、镁 1.12 毫克/克。坚果综合品质上等。

树势强健，树冠开张。幼树期生长旺盛，新梢粗壮。髓心小，占木质部 43.6%。随树龄增加，树势缓和，枝条粗壮，萌芽力、成枝力强，节间平均长 2.43 厘米。分支力强，为 1∶3，抽生强壮枝多。混合芽大而多，连续结果能力强，雄花芽少，多年生枝不光秃，是该品种丰产、稳产的突出优良性状。

嫁接苗定植后，第一年开花，第二年开始结果。雄先型。坐果率 87%。侧花芽比率 96.2%，多双果和三果。结果母枝抽生果枝多，果枝率高达 92.3%。果实大，纵径 5.90 厘米，横径 4.3 厘米，侧径 4.4 厘米，青皮厚 0.34 厘米。

(14) 辽核 1 号 辽宁省经济林研究所人工杂交育成，早实品种。坚果圆形，果基平或圆，平均单果重 9.4 克，壳面较光滑，缝合线微隆起，结合紧密，壳厚 0.9 毫米左右。可取整仁，出仁率 59.6%，核仁黄白色，味香，充实饱满。

分支力强，侧生混合芽比率 90% 以上。雄先型。嫁接后第二年结果，在山东泰安地区 8 月下旬果实成熟，11 月上旬落叶。

(15) 辽核 6 号 辽宁省经济林研究所人工杂交育成，早实品种。坚果椭圆形，果基圆形，顶部略细，微尖，平均单果重 12.4 克。壳面粗糙，颜色较深，红褐色，缝合线平或微隆起，结合紧密，壳厚 1.0 毫米左右。内褶壁膜质，横隔窄或退化，可取整仁。出仁率 58.9%，核仁充实饱满，黄褐色。

树势较强，树姿半开张，分支力强。雌先型。坐果率 60% 以上，多双果，丰产性强，大小年不明显，嫁接后第二年结果。在山东泰安地区 9 月上旬成熟，11 月落叶。较抗病，耐寒。适宜在我国北方核桃栽培区种植。

(16) 中林 1 号 中国林业科学研究院林业研究所杂交育成，早实品种。坚果圆形，果基圆，果面扁圆，平均单果重 14 克，壳面粗糙，缝合线中宽凸起，结合紧密，壳厚平均 1.0 毫米，可取整仁或 1/2 仁，出仁率 54%，核仁饱满，浅至中色，味香不涩。

树势较强，分支力强，侧生混合芽比率 90% 以上。雌先型。嫁接后第二年结果。在泰安地区 9 月初坚果成熟，10 月下旬落叶。生长势较强，生长迅速，丰产潜力大，较易嫁接繁殖。坚果品质中等，适应能力较强。可在华北、华中及西北地区栽培。

(17) 新早丰 新疆林业研究所从新疆温宿县土木秀克乡选出，早实品种。坚果椭圆形，果基圆，果顶渐小突尖，平均单果重 13 克。壳面光滑，缝合线平，结合紧密，壳厚 1.2 毫米，可取整仁，出仁率 51.0%，核仁色浅，味香。

树势中等，发枝力极强，侧生混合芽比率 95% 以上。雄先型。嫁接苗第二年开始结果，在山东泰安地区 9 月上旬果实成熟，11 月上旬落叶。树势中庸，坚果品质优良，早期丰产性好，宜在肥水条件较好地区栽培。

(18) 中林 3 号 中国林业科学研究院林业研究所杂交育成，早实品种。坚果椭圆形，平均单果重 11 克。壳中色，较光滑，缝合线窄而凸起，结合紧密，壳厚 1.2 毫米。可取整仁，出仁率 60%，核仁饱满，色浅。

树势较旺，分支力较强，侧生混合芽比率 50% 以上。雌先型。嫁接后第二年结果，9 月初坚果成熟，10 月下旬落叶。适应性强，耐干旱瘠薄，丰产性强，核仁品质上等。为较好的仁用品种，适宜西北、华北山地栽培，亦可作为果林兼用树种。

(19) 陕核 1 号 坚果圆形，平均重 12 克左右。壳面光滑，色较浅，缝合线窄而平，结合紧密，易取整仁。核仁平均重 7.1 克，出仁率 60%。核仁充实饱满，色乳黄，风味优良。

树势较旺盛，树姿较开张，小枝粗壮节间短，侧芽形成混合花芽比例为 70%。适宜在年平均温度 10 ℃以上，生长期 180 天以上地区种植。发芽较早。雄先型。适应性强，早期丰产，抗病性强，适宜作仁用品种和授粉品种。

（20）西林 1 号　坚果长圆形，平均重 10 克，壳面光滑，有浅麻点，色较浅，缝合线窄而平，结合紧密，易取整仁。核仁重 5.6克，出仁率 56％。核仁充实饱满，色乳黄，风味优良。

嫁接树第二年开始结果。树势旺盛，树姿开张，小枝节间中等。适宜在年平均温度 10 ℃以上，生长期 200 天以上地区种植。发芽较早。雄先型。适应性强，抗病，适宜山地栽培。

29. 早实核桃有哪些生长结果习性？

早实核桃比晚实核桃根系发达。幼龄树更为明显，一年生早实核桃比晚实核桃根系总数多 1.9 倍，根系总长度 1.8 倍。

早实核桃产生侧枝较早，一年生植株可有 10％产生侧枝；晚实核桃一般 2～3 年生才分生侧枝。早实核桃分支力强，从第二年就开始分支，其发枝率 30％～43％，单株分枝量最多达 18 个；二年生晚实核桃分枝率只有 6.5％，其余只有顶芽抽生 1 个延长枝。二次分枝是早实核桃区别于晚实核桃的又一特性。所谓二次分枝是指春季一次枝生长封顶以后由近顶部 1～3 个芽再次抽生新枝，而晚实核桃一年只抽生一次枝。

早实核桃的侧芽多为混合芽，高达 90％以上，甚至基部潜伏芽也能萌发出混合芽来开花结果，而晚实核桃的混合芽着生于结果母枝顶端及以下 1～3 节。早实核桃具有二次开花结果的特性，二次花一般呈穗状花序。二次花序有的雌雄同序，基部着生雌花，上部为雄花，有的为单性花，也有的雌雄同花，呈过渡状态，也有的全序皆为两性花，中间为雌花，柱头较细弱，外围着生几对花药。二次花结果多呈串状，二次果果形较小，开花早的可成熟，具有发芽力。

30. 怎样进行品种选择？

科学选择品种并合理搭配，是核桃园充分发挥生产潜力获得低成本高效益的关键措施之一。一般应遵循以下原则：

（1）适应本地自然条件 每一个品种只有在适宜的生态条件下才能表现出应有的栽培性状和坚果品质，发挥最大的经济效益。例如，土层不足 1 米的山岭薄地，不宜发展早实核桃，否则易造成树体早衰，病害严重。一定要适地适树，不可主观盲从。

（2）符合区划原则 每个地区都有果树发展规划。果树规划区内应重点突出 2～3 个主要树种，规模发展，形成当地优势。在同一小区内，栽植几个不同品种时，最好是成熟期一致、肥水要求和树势相近的品种，以便于管理。

（3）面向市场需求 在果品由卖方市场转向买方市场，靠质量求生存，以优质求效益的形势下，树种及品种选择必须预测市场需求趋势，发展国内外市场需求的新品种和名特优果品。例如 20 世纪 80 年代核桃栽培品种多侧重其丰产性，较多选用元丰、上宋 6 号、阿 9，进入 90 年代由于品种选育及市场需求变化，这些品种被逐渐淘汰，代之以壳薄、核仁饱、味香优质的品种，现在又加上适宜加工和贮运特性。

三、早实核桃苗木繁育

31. 优良核桃砧木的标准有哪些？

砧木苗是用核桃种子繁育而成的实生苗。砧木应具有对土壤干旱、水淹、病虫害的抗性，或具有增强树势、矮化树体的性状。砧木的种类、质量和抗性直接影响嫁接成活率及建园后的经济效益。选择适宜于当地条件的砧木是保证丰产的先决条件。因此，砧木的选择很重要。砧木的选择需从种内不同类型的选择及不同树种及其种间杂交子代的选择两个方面进行，着重在生长势、亲和力和抗逆与抗病虫害等目标。

优良砧木的标准是：生长势强，能迅速扩大根系，促进树体生长；砧木对树体生长具有决定性的影响，抗逆性强，尤其是对土壤盐碱的抗性；抗病性强，目前已开始频繁发生核桃根系病害，因此应针对生产地区的主要病害，选用抗病性强、嫁接亲和力强的砧木。

培育健壮的优良品种苗木，是发展核桃生产的基础条件之一。我国大部分核桃产区历史上沿用实生繁殖，其后代分离很大，即使在同一株树上采集的种子，后代也良莠不齐，单株间差异悬殊。因此，核桃栽培中必须使用无性繁殖，使用优良的砧木，嫁接优良品种，才能达到栽培目的。

32. 核桃有哪些常用砧木？

核桃砧木在美国和法国主要采用美国黑核桃（*J. nigra* L.）、

北加州黑核桃（*J. hindsii* Rthd.），亦称函兹核桃以及一些种间杂种，如奇异核桃（Paradox，即 *J. hindsii. × regia*）等。日本多用心形核桃（*J. subcordiformis* Dode）和吉宝核桃（*J. sieboldiana* Maxim.）做砧木。我国核桃资源丰富，原产和国外引进的共有 9 个种，其中用于砧木的 7 个种，即核桃、铁核桃、核桃楸、野核桃、麻核桃、吉宝核桃和心形核桃，枫杨虽然不是核桃属，但有时也可做核桃砧木（表 1）。

表 1　核桃主要砧木种类及其特性

树　种	特　性
核桃	亲和力强，成活率高，实生苗变异大，对盐碱、水淹、根腐、线虫等敏感，是我国北方核桃栽培区常用的砧木。
铁核桃	亲和力较强，生长势旺，抗寒性差，适应北亚热带气候，是我国云、贵、川等省栽培中常用的砧木，在北方不能越冬。
核桃楸	亲和力较强，实生苗变异大，抗寒不耐干旱，苗期长势差，易发生"小脚"现象。
野核桃	耐干旱，耐瘠薄，适应性强，易发生"小脚"现象，适于山地和丘陵地区栽植。
黑核桃	抗寒性强，较抗线虫和根腐，有矮化及早实作用，有黑线病。
加州黑核桃	亲和力强，对线虫、根腐病敏感，较抗蜜环菌。
得克萨斯黑核桃	亲和力强，矮化，耐盐碱。
枫杨	耐水淹，根系发达，适应性强，山东省早有枫杨嫁接核桃的先例，但生产上保存率很低。
奇异核桃	抗线虫、根腐病，耐山地瘠薄，生长快速。

（1）核桃　核桃（*J. regia* L.）做本砧嫁接亲和力强，接口愈合牢固，我国北方普遍使用。河北、河南、山西、山东、北京等地近几年嫁接的核桃苗均采用本砧。其成活率高，生长结果正常。但是，由于长期采用商品种子播种育苗，实生后代分离严重，类型复

杂。在出苗期、生长势、抗性以及与接穗的亲和力等方面都有所差异。因此，培育出的嫁接苗也多不一致。

美国近几年由于采用本砧嫁接，表现生长良好，抗黑线病能力强，进一步引起研究和生产方面的重视。

（2）铁核桃　铁核桃（*J. sigillata* Dode）主要分布于我国西南各省，坚果壳厚而硬，果形较小，取仁困难，出仁率低，壳面刻沟深而密，商品价值低。

实生的铁核桃是泡核桃、娘青核桃、三台核桃、大白壳核桃、细香核桃等优良品种的良好砧木，砧穗亲和力强，嫁接成活率高，愈合良好，无"大小脚"现象。用铁核桃嫁接泡核桃的方法在我国云南、贵州等地应用历史悠久，效益显著。在实现品种化栽培方面，起到了良好的示范作用。

（3）核桃楸　核桃楸（*J. mandshurica* Maxim）主要分布在我国东北和华北各省，垂直分布可达海拔 2 000 米以上。其根系发达，适应性强，十分耐寒，也耐干旱和瘠薄，是核桃属中最耐寒的一个种。果实壳厚而硬，难以取仁，表面壳沟密而深，商品价值低。核桃楸野生于山林当中，种子来源广泛，育苗成本低，能增加品种树的抗性，扩大核桃的分布区域。但是，核桃楸嫁接品种，后期容易出现"小脚"现象。

（4）野核桃和麻核桃　野核桃（*J. cathayensis* Dode）主要分布于江苏、江西、浙江、湖北、四川、贵州、云南、甘肃、陕西等地，常见于湿润杂林，垂直分布在海拔 800～2 000 米。果实个小，壳硬，出仁率低，多用做核桃砧木。近年来，山东省果树研究所利用野核桃与早实核桃杂交，也选出一系列种间优系，结果较早，果实较大，且表现出较好的抗性，坚果刻沟多而深，形状多样，是优良的砧木或工艺核桃选育材料。

麻核桃（*J. hopeiensis* Hu）又叫河北核桃，是核桃与核桃楸的自然杂交种。主要分布于河北和北京，山西、山东也有发现。麻核桃与核桃的嫁接亲和力很强，嫁接成活率高，可做核桃砧木，只是种子来源少，产量低。坚果多数个大，壳厚，核仁少，刻沟极深，虽无食用价值，但形态雅致，常作为保健用的"揉手"或雕刻为价格高的工艺品。

（5）吉宝核桃和心形核桃　吉宝核桃（*J. sieboldiana* Maxim）又叫鬼核桃，原产于日本北部和中部山林中。20世纪30年代引入我国，可作为核桃育种亲本和嫁接核桃的砧木，其抗性仅次于核桃楸，不抽条，与核桃亲和力强。

心形核桃（*J. subcordiformis* Dode）又叫姬核桃，果实扁心脏形，果小，是良好的果材兼用树种，原产于日本，是核桃嫁接的良好砧木。

（6）枫杨　枫杨（*Pterocarya stenoptera* C. DC）又叫枰柳、麻柳、水槐树等，在我国分布很广，多生于湿润的沟谷或河滩。用枫杨嫁接核桃历史悠久，在山东、安徽、河南、江苏等地都曾推广过枫杨嫁接核桃，山东历城至今还有枫杨嫁接的百年核桃大树和成片核桃园。

多年实践证明，用枫杨做砧木嫁接核桃优良品种可使核桃在低洼潮湿环境中正常生长结果，有利于扩大核桃栽培区域。但是，枫杨嫁接核桃如果嫁接部位稍高，容易出现"小脚"现象和后期不亲和，保存率较低，因此生产上不宜大力推广。

33.　什么样的核桃苗才算健壮苗木？

苗木分级的目的是保证出圃的苗木质量和规格，提高建园时的栽植成活率和整齐度。核桃苗木的标准要根据类型（实生苗或嫁接苗）而定。建园所用的嫁接苗要求结合牢固、愈合良好、接口上下的苗茎粗度接近；苗茎要通直、充分木质化、无冻害风干、机械损伤以及病虫危害等；苗根的劈裂部分粗度在0.3厘米以上时要剪去。嫁接苗的质量等级如表2所示。

做砧木用的实生苗要求根系发达完整、生长健壮、无病虫害。

用于室内苗砧嫁接的实生苗除以上条件外，根颈处要通直，直径达1～2厘米。

表2　嫁接苗的质量等级

项目 \ 级别	1级	2级
苗高（厘米）	＞60	30～60
基茎（厘米）	＞1.2	1.0～1.2
主根保留长度（厘米）	＞20	15～20
侧根条数（条）	＞15	＞15

34. 怎样选择和准备苗圃地?

苗圃地应具备地势平坦、土壤疏松肥沃、背风向阳、土质差异小、水源充足、交通便利等条件，地下水位应在1～1.5米以下，因低洼地和地下水位高的地方苗木根系不发达，容易积水出现涝害和霜冻。肥沃的土壤通气条件好，水、肥、气、温协调，有利于种子发育和幼苗生长。另外，幼苗期根系浅，耐旱力差，对水分要求高。因此，水源充足是保证苗木质量的重要条件。也不能选用重茬地，因为重茬地土壤中必需营养元素不足且积累有害元素，会使苗木产量和质量降低。

整地是苗木生长质量的重要环节，主要是指对土壤进行精耕细作。通过整地可增加土壤的通气透水性，并有蓄水保墒、翻埋杂草、混拌肥料及消灭病虫害等作用。由于核桃幼苗的主根很深，深耕有利于幼苗根系生长。翻耕深度应因时因地制宜。秋耕宜深（20～25厘米），春耕宜浅（15～20厘米）；干旱地区宜深，多雨地区宜浅；土层厚时宜深，河滩地宜浅；移植苗宜深（25～30厘米），播种苗宜浅。北方宜在秋季深耕并结合进行施肥、灌冻水。春播前可再浅耕一次，然后耙平供播种用。

35. 怎样进行核桃砧木种子的采集、贮藏、处理与播种？

（1）采种 选择生长健壮、无病虫害、种仁饱满的壮龄树为采种母树。当坚果青皮由绿变黄并开裂时可采收。此时的种子内部生理活动微弱，含水量少，发育充实，最易贮存。若采收过早，胚发育不完全。贮藏养分不足，晒干后种仁干瘪，发芽率低，即使发芽出苗，生活力弱，也难成壮苗。

采种方法有拣拾法和打落法两种。前者是随坚果自然落地，定期拣拾；后者是当树上果实青皮有1/3以上开裂时打落。种用核桃不必漂洗，可直接脱青皮晾晒。晾晒的种子要薄层摊在通风干燥处，不宜放在水泥地面、石板或铁板上受阳光直接暴晒，否则会影响种子的生活力。

（2）贮藏 核桃种子无后熟期。秋播的种子在采收后一个多月就可播种，有的可带青皮播种，晾晒的不需干透。多数地区以春播为主，春播的种子贮藏时间较长。贮藏时应保持在5℃左右，空气相对湿度50%～60%，适当通气。核桃种子主要采用室内干藏法贮藏。干藏分为普通干藏和密封干藏。前者是将秋采的干燥种子装入袋或缸等容器内，放在低温、干燥、通风的室内或地窖内。种子少时要用密封干藏法贮藏，即将种子装入双层塑料袋内，并放入干燥剂密封，然后放入可控温、控湿、通风的种子库或贮藏室内。

除室内干藏以外，也可采用室外湿沙贮藏法，即选择排水良好、背风向阳、无鼠害的地方，挖掘贮藏坑。一般坑深为0.7～1米，宽1～1.5米，长度依种子多少而定。种子贮藏前应进行选择，即将种子泡在水中，将漂浮于水面、种仁不饱满的种子挑出。种子浸泡2～3天后取出，并沙藏。先在坑底铺一层湿沙（以手握成团不滴水为度），厚约10厘米，放一层核桃后用湿沙填满空隙，厚约10厘米，然后再放一层核桃，再填沙，一层层直到距坑口20厘米处时，用湿沙覆盖，与坑口持平，表面用土培成脊形。同时在贮藏坑四周挖排水沟，以免积水浸入坑内，造成种子霉烂。为保证贮藏坑内空气流通，应于坑的中间（坑长时每隔2米）竖一草把，直达坑底。坑上覆土厚度依当地气温高低而定。早春应随时注意检查坑内种子状况，不要使其霉烂。

（3）种子处理 秋播种子不需任何处理，可直接播种。春季播种时，要进行浸种处理，以确保发芽。具体方法如下：

冷水浸种法：用冷水浸种7～10天，每天换一次水，或将盛有核桃种子的麻袋放在流水中，使其吸水膨胀裂口，即可播种。

冷浸日晒法：将冷水浸过7～10天左右的种子置于阳光下曝晒，待大部分种子裂口后即可播种。

温水浸种法：将种子放在80℃温水缸中搅拌，使其自然降至常温后，浸泡8～10天，每天换水，种子膨胀裂口后捞出播种。

开水浸种法：当时间紧迫，种子未经沙藏急需播种时，可将种子放入缸内，然后倒入种量1.5～2倍的开水，随倒随搅拌，2～3分钟后捞出播种。也可搅到水温不烫手时将种子捞出，放入凉水中浸泡一昼夜，再捞出播种。此法还可同时烫死种子表面的病原菌。但薄壳和露仁种子不能采用这种方法。

石灰水浸种法：据山西汾阳市南偏城的经验，将50千克种子浸在石灰水溶液中（1.5千克生石灰加10千克水），用石头压住核桃，再加水至核桃全部浸泡在水里，不需换水，浸泡7～8天，然后捞出暴晒几个小时，待种子裂口时，即可播种。

（4）播种时期 南方温暖适于秋播，北方寒冷适于春播。秋播一般在10月中旬至11月下旬土壤封冻前进行。应注意，秋季播种不宜过早或过晚。有的地方采用秋季播种是在采收后直接带青皮播种。秋播的优点是不必进行种子处理，春季出苗整齐，苗木生长健壮。春播一般在3月下旬至4月上旬土壤解冻以后进行。春播的缺点是播种期短，田间作业紧迫，且气候干燥，不易保持土壤湿度，苗木生长期短，生长量小。

（5）播种方法 核桃为大粒种子，一般均用点播法。播种时，壳的缝合线应与地面垂直，使苗基及主根均垂直生长，否则会造成根颈或幼茎弯曲。播种深度一般6～8厘米为宜，墒情好，播种已发芽的种子覆土宜浅些；土壤干旱或种子未裂嘴时，覆土略深些，必要时可覆盖薄膜以增温保湿，播种已发芽的种子，可将胚根根尖削去1毫米，促使侧根发育。

（6）播种密度　行距实行宽窄行，即宽行50厘米，窄行30厘米，株距25厘米，每亩*出苗6 000～7 000株，一般当年生苗在较好的环境条件下可达60～80厘米高，根基直径2厘米左右，即可作砧木用。

36.　怎样管理好砧木苗？

（1）定苗与补苗　幼苗大量出土时，及时检查出苗情况，若出苗不足，要进行补苗。补苗时，可用催芽的种子点播，也可将边行或多余的幼苗带土移栽。过密苗要进行间苗，以使苗木分布均匀，间距适当。

（2）施肥与浇水　北方春季干旱多风，土壤保墒力差，大部分幼芽即将出土时，可适时浇水1～2次，保持地表湿润，以利幼苗出土。苗木出齐之后，为了加快生长，要及时施肥灌水。5～6月是核桃苗生长的关键时期，北方一般灌水2～3次，追施氮肥2次，每次每亩施尿素10千克。7～8月雨水较多，灌水要根据降雨情灵活掌握，并追施磷钾肥2次，每次每亩8千克。进入9月后，要适当保持土壤干燥，以防苗木徒长，不利于越冬。在雨季应做好排水工作，禁止圃地积水，以防烂根死苗。

（3）中耕除草　在苗木生长期间进行中耕松土，以减少水分蒸发，防止板结，促进气体交换，提高土壤有效养分利用率，给土壤微生物创造有利条件，加快苗木生长。苗圃的杂草生长快，繁殖力

---

　　*　亩为非法定计量单位，15亩＝1公顷。——编者注

强，与幼苗争夺水分、养分和光照，有些杂草还是病虫害的媒介和寄生场所，因此育苗地必须及时进行中耕，清除杂草。核桃苗圃地可用人工、畜力、机械除草，最好不用化学方式除草。幼苗前期，中耕深度2～4厘米，后期可逐步加深到8～10厘米。

中耕除草可与追肥灌水结合进行，除在杂草旺盛季节进行几次专项中耕外，每次追肥后必须灌水，灌水后及时中耕和消灭杂草。做到表土疏松，地无杂草。

（4）病虫害防治 在播种前进行土壤消毒和深翻，可有效防治核桃苗木菌核性根腐病、苗木根腐病等。当苗木菌核性根腐病和苗木根腐病发病时，可用1％硫酸铜或甲基托布津1 000倍液浇灌根部，每亩用液250～300千克，再用消石灰撒于苗茎基部及根际土壤，对抑制病害蔓延有良好效果。对黑斑病、炭疽病、白粉病等可在发病前每隔10～15天喷等量式波尔多200倍液2～3次，发病时喷70％甲基托布津可湿性粉剂800倍液，防治效果良好。

核桃苗木的害虫主要有象鼻虫、刺蛾、金龟子、浮沉子等，如发生害虫危害，应及时发现，适时喷布高效氯氰菊酯5 000倍液或50％杀螟松2 000倍液等杀虫剂防治。

37. 嫁接苗有哪些特点？

嫁接繁殖的接穗是取自阶段性成熟、性状已稳定的优良品种的植株，因而能保持其母体品种的优良性状而不易发生变异；嫁接苗比实生苗进入结果年龄早；可利用砧木的适应性和抗逆性，增强和扩大核桃树的适应范围；可用砧木的特性控制树体大小；对于用扦插、压条和分株方法不易繁殖的核桃，必须通过嫁接，才能大量繁殖品种苗木。

凡是由种子长成的苗木统称为实生苗。这种苗木繁殖方法简便，种子来源多，便于大量繁殖。实生苗根系发达，适应性强，生长旺盛。但实生苗结果晚，而且容易发生变异，不易保持原品种的优良特性。当前，核桃实生苗的用途主要有 3 种：①实生砧木苗，是我国和世界许多国家嫁接用砧木的主要来源；②实生苗建园；③广泛应用于培育杂种实生苗，以获得优良变异单株，这是培育核桃新品种的主要途径之一。

38.　怎样选择接穗？

首先应选好采穗母树。采穗母树应为生长健壮、无病虫害的良种树。也可建立专门的采穗圃。接穗的质量直接关系到嫁接成活率，应加强对采穗母树或采穗圃的综合管理。穗条为长 1 米左右，粗 1.5 厘米，生长健壮，发育充实，髓心较小，无病虫害的发育枝或徒长枝。一年生穗条缺乏时，可用强壮的结果母枝或基部二年生枝段的结果母枝，但成活率较低。芽接用接穗应是木质化较好的当年发育枝，幼嫩新梢不宜作穗条。所采接芽应成熟饱满。

39.　怎样采集和贮运接穗？

枝接接穗从核桃落叶后，直到芽萌动前都可进行采集。各地气候条件不同，采穗的具体时间不一样，北方核桃抽条严重，冬季或早春枝条易受冻害，因此宜在秋末冬初采集接穗。此时采的接穗只要贮藏条件好，防止枝条失水或受冻，均可保证嫁接成活。冬季抽条和冻害轻微地区或采穗母树为成龄树时，可在春季芽萌动之前采集。此时接穗的水分充足，芽处于即将萌动状态，嫁接成活率高，可随采随用或短期贮藏。

枝接采穗时宜用手剪或高枝剪，忌用镰刀削。剪口要平，不要剪成斜面。采后将穗条按长短粗细分级，每 30～50 条一捆，基部对齐，剪去过长、弯曲、不成熟的顶梢，有条件的用蜡封上剪口，最后用标签标明品种。

芽接所用接穗，夏季可随用随采或短期贮藏。但贮藏时间越长成活率越低。一般贮藏不宜超过 5 天。芽接用接穗，从树上剪下后要立即剪去复叶，留 2 厘米左右长的叶柄，每 20～30 根打一捆，标明品种。

枝接所用接穗最好在气温较低的晚秋或早春运输，高温天气易造成接穗霉烂或失水。严冬运输应注意防冻。接穗运输前，要用塑料薄膜包好密封。长途运输时，塑料包内要放些湿锯末。

接穗就地贮藏过冬时，可在阴暗处挖宽 1.2 米、深 80 厘米的沟，长度按接穗的多少而定。然后将标明品种的成捆接穗放入沟内，若放多层，每层中间应加 10 厘米厚的湿沙或湿土，接穗上盖 20 厘米左右的湿沙或湿土，土壤结冻后加沙（土）厚至 40 厘米。当土壤湿度升高时，应将接穗移入冷库等湿度较低的地方。

芽接所用接穗，由于当时气温高，保鲜非常重要。采下接穗后，要用塑料薄膜包好，但不可密封，里面装些湿锯末，运到嫁接地时，要及时打开薄膜，将接穗置于潮湿阴凉处，并经常洒水保湿。

40. 核桃嫁接主要运用哪几种方法？

（1）枝接方法　主要有舌接和插皮接。

舌接：主要用于苗木嫁接。选根径 1～2 厘米的一至二年生实生苗，在根以上 10 厘米左右处剪断，然后选择与之粗细相当的接穗，剪成 12～14 厘米长的小段。将砧、穗各削成 3～5 厘米长的光滑斜面，在削面由上往下 1/3 处用嫁接刀纵切，深达 2～3 厘米，然后将砧、穗立即插合，双方削面要紧密镶嵌，并用塑料绳绑紧。

插皮接：先剪断砧木，削平锯口，在砧木光滑处由上向下垂直划一刀，深达木质部，长约 1.5 厘米，用刀尖顺刀口向左右挑开皮层。接穗的削法是先将一侧削成一大削面（开始时下削，并超过中心髓部，然后斜削），长 6～8 厘米；然后将大削面背面 0.5～1 厘米处往下的皮层全部切除，稍露出木质部。插接穗时要在砧木上纵切，深达木质部，将接穗顺刀口插入，接穗内侧露白 0.7 厘米左右，使二者皮部相接，然后用塑料布包扎好。

（2）芽接方法　主要是方块形芽接。先在砧木上切一长 4 厘米左右、宽 2～3 厘米的方块，将树皮挑起，再按回原处，以防切口失水干燥，然后在接穗上取与砧木切口大小相同的方块形芽片（芽内维管束要保持完好），并迅速镶入砧木切口，使两切口密接，然后绑紧即可。

41. 核桃春季枝接要注意什么问题？

（1）接穗削面长度大于 5 厘米，并且要光滑。

（2）接穗插入砧木接口时，必须使砧、穗形成层相互对准密接。

（3）蜡封接穗接口要用塑料薄膜包扎严密，绑缚松紧适度；对未蜡封的接穗可用聚乙烯醇胶液（聚乙烯醇：水＝1：10，加热熔解）涂刷接穗，以防失水。

42. 影响核桃嫁接成活的主要因素是什么？

（1）成活的过程　嫁接后能否成活，除亲和力外，还取决于砧木和接穗的形成层间能否相互密接产生愈合组织。待愈合组织形成后，细胞开始分化，愈合组织内各细胞间产生胞间连丝，把彼此的原生质互相连接起来。由于形成层的活动，向内形成新的木质部，向外形成新的韧皮部，把输导组织沟通起来，砧、穗上下营养交流，使暂时破坏的平衡得以恢复，成为一个新的植株。

（2）影响嫁接成活的因素　影响砧穗结合与成活的主要因素是砧木和接穗的亲和力，其次是砧穗质量和嫁接时的接口湿度和技术。砧木和接穗的贮藏养分多少、愈合组织产生的快慢、有无流伤及单宁物质等对接口愈合均有密切关系。

（3）湿度是影响嫁接成活的主要因子　核桃接穗必须在适当的

湿度中才能较快长出愈伤组织，湿度过高或过低，均不利于愈伤组织形成。核桃愈伤组织形成的适宜湿度为 55％～60％，低于 55％或高于 60％均不利于愈伤组织形成。

（4）温度也是影响嫁接成活的主要因子 温度是影响核桃嫁接成活的主要因子之一。核桃愈伤组织形成的适宜温度范围为 22～27 ℃，但温度越高愈伤组织形成越早。

43. 怎样防止田间苗圃砧木苗伤流？

（1）砧木放水方法 在嫁接前两周将砧木准备嫁接的部位以上 10 厘米处截去梢部放水，嫁接时再往下截 10 厘米削接口嫁接。

（2）砧苗断根法 用铁锹在主根 20 厘米处截断，降低根压，减少伤流。

（3）刻伤法 在砧木苗干基部用刀刻伤口深达木质部，放水。

44. 怎样管理嫁接苗？

（1）枝接苗的接后管理

① 接后一个月内要经常检查，接穗萌芽后，要及时开口放风，待接口愈合，新梢生长后逐步去掉保护物并解绑。

② 除砧苗萌芽，嫁接愈合过程中及成活后，要及时除去砧苗上的萌芽，以保成活和促进接穗生长。但对未成活砧木苗要选留一枝培养以便再接。

③ 立支柱绑缚嫁接苗，以防风折。一般解绑绳与立支柱同时进行。

④ 室内嫁接苗的移植：嫁接苗的接口愈合尚不牢固，挪动时应整株苗轻拿轻放，谨防折断；接口已经愈合成活的嫁接苗芽已萌发，而刚移植时其根系尚未正常生长，不能吸收足够的水分供应新梢生长，常导致抽干死亡，故移植后要随即采取保湿措施，如定时

喷水（雾），或以塑料薄膜覆盖并遮阴，待 10 天左右根系恢复后，再撤去覆盖物。

（2）芽接苗的接后管理

① 检查成活及补接，芽接后第二周要检查成活，凡接芽新鲜，叶柄一触即掉者，即为成活，反之为死亡，对死亡的要及时补接。

② 对嫁接时期早、接芽可萌发的，要及时从接芽以上 10 厘米处剪去砧木茎干，促进接芽萌发及新梢生长；对芽接时间较晚，当年不能萌芽的要保留部分接芽以上的枝叶，并保护接芽安全越冬，待第二年早春萌芽前再剪去接芽以上砧木的枝干。

45. 苗木出圃应注意些什么？

苗木出圃是育苗的最后一个环节。为使苗木栽植后生长良好，对苗木出圃工作必须予以高度重视。起苗前要对培育的苗木进行调查，核对苗木的品种和数量，根据购苗的情况作出出圃计划，安排好苗木假植和储藏场地。

（1）起苗和假植 起苗应在苗木已停止生长，树叶已凋落时进行。土壤过干时，挖苗前需浇一次水，以便于挖苗少伤根。一年生苗的主根和侧根至少应保持在 20 厘米以上，根系必须完整。对苗木要及时整修，修剪劈裂的根系，剪掉蘖枝及接口上的残桩，剪短过长的副梢等。

苗木整修之后如果不能随即移植，可就地临时假植。假植沟应选择地势高燥，土质疏松，排水良好的背风处。东西向挖沟，宽、深各 1 米，长度依据苗木数量而定。分品种把苗木一排排稍倾斜放入沟内，用湿沙土把根埋严。苗木梢尖与地面平或稍高于地面。如果苗木数量大、品种多，同埋在一条沟中，各品种一定要挂牌标明并用秸秆隔开，建立苗木假植记录，以免混乱。每隔 2 米远埋一秸秆把，使之通气。埋完后浇一次小水，使根系与土壤结合，并增加土壤湿度，防止根部受干冻。天气较暖时可分次向沟内填土，以免一次埋土过深根部受热。

（2）苗木分级 苗木分级是圃内最后的选择工作，对定植后成活率和核桃树生长结果均有密切关系。一定要根据国家及地方统一分级标准，将出圃苗木进行分级。不合格的苗木应列为等外苗，不应出圃，留在圃内继续培养。

（3）苗木检疫 苗木检疫是防止病虫传播的有效措施。凡列入检疫对象的病虫，应严格控制不使蔓延，即使是非检疫对象的病虫亦应防止传播。因此，出圃时苗木需要消毒。

其方法如下：

① 石硫合剂消毒，用 4～5 波美度的溶液浸苗木 10～20 分钟，再用清水冲洗根部一次。

② 波尔多液消毒，用 1∶1∶100 式药液浸苗木 10～20 分钟，再用清水冲洗根部一次。

③ 升汞水消毒，用 60％的药液浸苗木 20 分钟，再用清水冲洗 1～2 次。

（4）苗木包装和运输 苗木如调运外地时，必须包扎，以防止根系失水和遭受机械损伤。每 50～100 株打成一捆，根部填充保湿材料，如湿锯末、水草，外用湿草袋或蒲包把苗木根部及部分茎部包好。途中应加水保湿。为防止品种混杂，内外要有标签。气温低于－5 ℃时，要注意防冻。

四、核桃规范建园技术

46. 怎样选择核桃园址？

核桃生命周期长，盛果期可达 30～50 年，核桃园一但建立，便不易改变，建园前应对自然及社会经济条件进行综合分析、论证，对园地的土质、地势、气候条件进行调查，确定建园的规模和目标，做出规划设计，以避免不必要的损失。建立核桃园应重点考虑以下条件：

（1）园地的气候条件要符合核桃品种的生长发育及对外界条件的要求。

（2）选择背风向阳的山丘缓坡地、平地及排水良好的沟坪地为核桃园。土壤以保水、透气良好的壤土和沙壤土为宜，土层厚度应在 1 米以上；pH 7.0～7.5（核桃），5.5～7.0（漾濞核桃）；地下水位应在地表 2 米以下。

（3）建园地点要有灌溉水源，排灌系统畅通，排灌方便，特别是早实矮化品种的密植丰产园应达到旱能灌，涝能排的要求。

（4）无工业废气、污水及过多灰尘等环境污染。

（5）注意园地的前茬树种，在柳树、杨树、槐树生长过的地方栽植核桃，易染根腐病。核桃连作时，核桃根系能产生胡桃醌（Juglone），有抑制生长的作用。

47. 核桃园的配套规划包括哪些内容？

核桃园的配套规划，主要包括作业区划分、防护林设置、道路系统规划、排灌系统设置等内容。

（1）**作业区划分**　作业区为核桃园的基本生产单位。形状、大小、方向都应与当地的地形、土壤条件及气候特点相适应，要与园内道路系统、排灌系统及水土保持工程的规划设计相互配合协调。为保证作业区内技术的一致性，作业区内的土壤及气候条件应基本一致，地形变化不大，耕作比较方便，作业区面积可定为50～100亩。地形复杂的山地核桃园，为减少和防止水土流失，依自然流域划定作业区，不硬性规定面积大小。作业区的形状多设计为长方形。平地核桃园，作业区的长边应与当地风害的方向垂直，行向与作业区长边一致，以减少风害。山地建园，作业区可采用带状长方形，作业区的长边应与等高线的走向相一致，以提高工作效率。同时，要保持作业区内土壤、光照、气候条件相对一致，有利于水土保持工程施工及排灌系统规划。

（2）**防护林设置**　防护林主要是防止和减少风、沙、旱、寒的危害和侵袭，以减低风速，减少土壤水分蒸发，调节温度，增加积雪等。山地核桃园防护林主要目的是防止土壤冲刷，减少水土流失，涵养水源，应尽量利用分水岭及沟边栽植。平地及沙荒地核桃园防护林主要目的是防风固沙，最好在建园前先行营造，以保护幼树。

防护林树种选择，应尽量就地取材，选用风土适应性强、生长速度快、寿命长、树冠高、枝多冠密、与核桃无共同病虫害，并有一定经济价值的树种。

（3）**道路系统规划**　为使核桃园生产管理高效方便，应根据需要设置宽度不同的道路。各级道路应与作业区、防护林、排灌系统、输电线路、机械管理等互相结合。一般中大型核桃园由主路（或干路）、支路和作业道三级道路组成。主路贯穿全园，宽度要求4～5米；支路是连接干路通向作业区的道路，宽度要求达到3～4米；小路是作业区内从事生产活动的要道，宽度要求达到2～3米。小型核桃园可不设主路和小路，只设支路。山地核桃园的道路应根据地形修建。坡道路应选坡度较缓处，路面要内斜，路面内侧修筑排水沟。

（4）排灌系统设置　排灌系统是核桃园科学、高效、安全生产的重要组成部分。山地干旱地区核桃园可结合水土保持、修水库、开塘堰、挖涝池，尽量保蓄雨水，以满足核桃树生长发育需要。平地核桃园除了打井修渠满足灌溉以外，对易于沥涝的低洼地带要设置排水系统。输水和配水系统包括干渠、支渠和园内灌水沟。干渠将水引至园中，纵贯全园。支渠将水从干渠引至作业区。灌水沟将支渠的水引至行间，直接灌溉树盘。干渠位置要高些，以利扩大灌溉面积，山地核桃园应设在分水岭上或坡面上方，平地核桃园可设在主路一侧。干渠和支渠可采用地下管网。山地核桃园的灌水渠道应与等高线走向一致，配合水土保持工程，按一定的比降修成，可以排灌兼用。

核桃属深根树种，忌水位过高，地下水位距地表小于 2 米，核桃生长发育即受抑制。因此，排水问题不可忽视，特别是起伏较大的山地核桃园和地下水位较高的下湿地，都应重视排水系统设计。山地核桃园主要排除地表径流，多采用明沟法排水，排水系统由梯田内的等高集水沟和总排水沟组成。集水沟可修在梯田内沿，而总排水沟应设在集水线上。平地核桃园排水系统是由小区以内的集水沟和小区边沿的支沟与干沟三部分组成，干沟的末端为出水口。集水沟的间距要根据平时地面积水情况而定，一般间隔 2～4 行挖一条。支沟和干沟通常都是按排灌兼用的要求设计，如果地下水位过高，需要结合降低水位的要求加大深度。

48.　核桃园规划设计应遵循哪些原则？考虑哪些因素？

选定核桃园地之后，就要作出具体的规划设计。园地规划设计是一项综合性工作，在区划时应按照核桃的生长发育特性，选择适当的栽培条件，以满足核桃正常生长发育的要求。对于那些条件较差的地区，要充分研究当地土壤、肥水、气候等方面的特点，采用相应措施，改善环境，在设计的过程中，逐步加以解决和完善。

核桃园规划设计应遵循以下原则：

① 根据建园方针、经营方向和要求，集合当地自然条件、物质条件、技术条件等综合考虑，进行整体规划。

② 要因地制宜选择良种，依品种特性确定品种配置及栽植方式。优良品种应丰产、优质、抗性强。

③ 有利于机械化管理和操作。核桃园中有关交通运输、排灌、栽植、施肥等，必须有利于实行机械化管理。

④ 设计好排灌系统，达到旱能灌、涝能排。

⑤ 注意栽植前核桃园土壤改良，为核桃良好生长发育打下基础。

⑥ 规划设计中应把小区、路、林、排、灌等协调起来，节约用地，占地面积不少于85%。

⑦ 合理间作，以园养园，实现可持续发展。初建园期应充分利用果粮、果药、果果间作等效能，以短养长，早得收益。

规划前必须对建园地点的基本情况进行详细调查，为园地的规划设计提供依据，以防因规划设计不合理给生产造成损失。参加调查的人员应有从事果树栽培、植物保护、气象、土壤、水利、测绘等方面的技术人员，以及农业经济管理人员。调查内容包括以下几个方面：

① 社会情况。包括建园地区的人口、土地资源、经济状况、劳力情况、技术力量、机械化程度、交通能源、管理体制、市场销售、干鲜果比价、农业区划情况，以及有无污染源等。

② 果树生产情况。当地果树及核桃的栽培历史、主要树种、品种、果园总面积、总产量。历史上果树的兴衰及原因，各种果树和核桃的单位面积产量，经营管理水平及存在的主要病虫害等。

③ 气候条件。包括年平均温度、极端最高和最低温度、生长期积温、无霜期、年降水量等，常年气候的变化情况，应特别注意

对核桃危害较严重的灾害性天气，如冻害、晚霜、雹灾、涝害等。

④ 土壤调查。包括土层厚度、质地、酸碱度、有机质含量、氮磷钾及微量元素含量等，以及园地前茬树种或作物。

⑤ 水利条件。包括水源情况、水利设施等。

49. 怎样进行标准化核桃园整地和挖定植坑？

核桃树具有庞大的主根和分布较广的水平根，要求土层深厚、较肥沃、含水量较高的土壤。不论山地或平地栽植，均应提前进行土壤熟化和增加肥力的准备工作。土壤准备主要包括平整土地、修筑梯田及水土保持工程建设等。在此基础上还要进行定点挖坑、深翻熟化改良土壤、增加有机质等各项工作。

在平整土地、修筑梯田、建好水土保持工程的基础上，按预定的栽植设计，测量出核桃栽植点，并按点挖栽植穴。栽植穴或栽植沟应于栽植前一年的秋季挖好，使心土有足够熟化时间。栽植穴的深度和直径为 1 米以上。密植园可挖栽植沟，沟深与沟宽为 1 米。无论穴植或沟植，都应将表土与心土分开堆放。沙地栽植应混合适量黏土或腐熟秸秆，以改良土壤结构；在黏重或下层为砾石的土壤上栽植，应扩大定植穴，并客土、掺沙，增施有机肥，填充草皮土或表面土，改良土壤；山陵地土层浅薄的果园，可定点或定线放"闷炮"爆破，以增土层。定植穴挖好后，将表土、有机肥和化肥混合后回填，每定植穴施优质农家肥 30～50 千克、磷肥 3～5 千克，然后浇水压实。地下水位高或低湿地果园，应先降低水位，改善全园排水状况，再挖定植沟或定植穴。

50. 如何确定核桃园的株行距？

核桃栽植密度应根据立地条件、栽培品种和管理水平不同而异，以单位面积能够获得高产、稳产、便于管理为原则。栽培在土层深厚、肥力较高的条件下，树冠较大，株行距也应大些，早实核桃可采用 4 米×5 米或 4 米×6 米，也可采用 3 米×3 米或 4 米×4 米的计划密植形式，当树冠郁闭光照不良时，可有计划地间伐成 6 米×6 米和 8 米×8 米。

对于栽植在耕地田埂、坝堰，以种植作物为主，实行果粮间作的核桃园，间作密度不宜硬性规定，一般株行距为 6 米×12 米或 8 米×9 米。山地栽植以梯田宽度为准，一般一个台面一行，台面宽于 20 米的可栽植两行，台面宽度小于 8 米时，隔台栽一行，早实核桃株距一般为 4～6 米。

51. 怎样定植核桃苗木？

苗木质量直接关系到建园的成败。苗木要求品种准确，主根及侧根完整，无病虫害。苗木长途运输时应注意保湿、避免风吹、日晒、冻害及霉烂。核桃的栽植时间分为春栽和秋栽。北方核桃以春栽为宜，特别是芽接苗，一定要在春天定植，时间在土壤解冻至发芽前。秋栽时应注意幼树防寒。

栽植前将苗木的伤根、烂根剪除，用泥浆蘸根，使根系吸足水分，或将根系放在 500～1 000 毫克/升的 ABT 生根粉 3 号溶液中浸泡 1 小时，以利成活。定植穴挖好以后，将表土和土粪混合填入坑底，然后将苗木放入，舒展根系，分层填土踏实，培土至与地面齐平，全面踏实后，打出树盘，充分灌水，待水渗下后用土封好。苗木栽植深度可略超过原苗木根径 5 厘米，栽后 7 天再灌水一次。

52. 怎样提高核桃栽植成活率？

（1）严把苗木质量关 选择主根及侧根完整，芽饱满、粗壮，无病虫害的苗木（1988 年国家发布实施的苗木规格见表2）。

(2) 修剪根系　将苗木的过长根、伤根、烂根剪除，露出新茬。

(3) 栽前浸水　修剪完根系后栽前浸水，清水浸泡根系 4 小时以上，使苗木充分吸水，以利苗木萌发和生根。

(4) ABT 生根粉处理　苗木浸足水后，用 500～1 000 毫克/升的 ABT 生根粉 3 号溶液浸泡根系 1 小时，促进愈合生根。

(5) 挖大穴，保证苗木根系舒展　在灌溉困难的园地，树盘用地膜覆盖不仅可防旱保墒，而且可增加地温，促进根系再生恢复。

(6) 防治病虫害　早春金龟子吃嫩叶、芽，应特别注意。

53. 核桃苗定植当年怎样管理？

为了保证苗木栽植成活，促进幼树生长，应加强栽后管理。管理内容主要包括施肥灌水、幼树防寒抽条、检查成活情况及苗木补植和幼树定干等。

栽植后两周应再灌一次透水，可提高栽植成活率，此后如遇高温或干旱还应及时灌溉。栽植灌水后也可地膜覆盖树盘，以减少土壤蒸发。在生长季，结合灌水，可追施适量化肥，前期以追施氮肥为主，后期以磷钾肥为主；也可进行叶面喷肥。

我国华北和西北地区冬季干旱，气温较低，栽后 2～3 年的核桃幼树经常发生"抽条"，而且地理纬度越靠北，抽条现象越严重。

防止核桃幼树抽条的根本措施是提高树体自身的抗冻性和抗抽条能力。加强水肥管理，按照前促后控的原则，7 月以前以施氮肥为主，7 月以后以磷肥为主，并适当控制灌水。8 月中旬以后对正在生长的新梢多次摘心，并开张角度或喷 1 000～1 500 毫克/千克多效唑，可有效控制枝条旺长，增加树体营养贮藏和抗性。入冬前灌一次冻水，提高土壤的含水量，减少抽条发生。及时防止大青叶蝉在枝干上产卵危害。

一至二年生的幼树，防抽条最安全的方法是在土壤结冻前将苗木弯倒，全部埋入土中，覆土 30～40 厘米，第二年萌芽前再把幼树扶出扶直。不易弯倒的幼树，涂刷 10 倍聚乙烯醇胶液，也可树干绑秸秆、涂白，减少核桃枝条水分损失，避免抽条发生。

春季萌发展叶后，应及时检查苗木的成活情况，对未成活的植株应及时补植同一品种的苗木。

栽植已成活的幼树，如果够定干高度，要及时进行定干。定干高度依据品种特性、栽培方式及土壤和环境等条件确定，早实核桃的树冠较小，定干高度一般 1.0～1.2 米为宜；晚实核桃树冠较大，定干高度一般 1.2～1.5 米；有间作物时，定干高度 1.5～2.0 米。栽植于山地或坡地的晚实核桃由于土层较薄，肥力较差，定干高度可在 1.0～1.2 米。

为了促进幼树生长发育，应及时进行人工除草，加强病虫防治及土壤管理。

54. 造成核桃低产园的原因是什么？怎样改造低产园？

造成核桃低产的原因：

（1）品种化栽培程度低 我国绝大多数核桃是 20 世纪 60～80 年代发展起来的，树龄 20～30 年，而且当时所发展的核桃几乎都是实生核桃。近几年新发展的核桃园，仍有一部分是实生核桃。由于缺乏优良品种，必然造成结果晚、产量低、品质差。实生繁殖，缺乏大面积品种化栽培是造成我国核桃低产的根本原因。

（2）不能做到适地适树建园栽培 从我国大面积核桃栽培情况来看，不少核桃园建在土层只有 30～40 厘米厚的山岭薄地上，由于土层较薄、土壤肥力较差，导致大部分植株生长不良或形成"小老树"，导致产量甚低。

（3）放任管理、栽培技术落后 我国核桃普遍存在管理粗放甚至放任生长的现象，这是导致核桃低产的另一原因。突出表现在两个方面：一是栽植过密，造成过早郁闭，园内和冠内通风透光不良，不仅结果部位外移而且影响树体正常生长发育和花芽分化，严重影响了核桃的产量；二是技术不配套，栽培水平低下，导致树体结构紊乱、枝条密挤、病虫害严重、缺肥少水，严重影响了核桃树体发育和产量提高。

低产园的改造途径：

（1）高接换种　利用高接技术把低产实生树改换成早实、丰产、优质的优良品种，以提高核桃园的产量和效益。低质劣产核桃树通过高接改优，不仅坚果品质得到了根本改善，产量更得到了显著提高。高接后第二年均能结果，但产量较低，单株平均产量 0.5 千克，亩产 10 千克。第二年单株平均产量达 2 千克，亩产 40 千克以上。第三年株产达 4 千克，亩产 50～10 千克。第四年以后为未改接树产量的 4～7 倍。

（2）改善土壤和光照条件　土壤条件较差、水土流失严重的山地核桃园，应首先通过修筑梯田、撩壕、挖鱼鳞坑等工程，结合种植绿肥作物和施入有机肥，改良土壤，控制水土流失，达到蓄水保土的目的。在此基础上，逐年进行土壤深翻、拓宽树盘活土层，改善核桃根系生长条件。树龄较大、放任多年的核桃树，应通过适当间伐或修剪，调整树体结构，改善光照条件，培养合理的结果枝组，达到立体结果。同时，加强土肥水管理，增厚活土层，及时控制病虫危害，逐步达到高产优质。

55. 怎样进行高接换种？

高接换种是利用优良品种早果、高产、优质特性，彻底改变实生树结果晚、产量低、品质差、不抗病等缺点，是改劣换优最快捷有效的措施。对于立地条件较好、树龄小于 20 年、树势较强、无病虫危害的低产实生核桃园，高接后效果显著。

接穗应采自优良品种的健壮发育枝。优良品种的丰产性能应达到或超过国家标准，坚果品质应达到国家标准中的优级或一级，适应当地的环境条件，特别是对某些限制性环境因子具有较强的适应性。应发育充实、芽子饱满、髓心较小、无病虫害，直径 1.2 厘米以上。采集的接穗一定要保湿良好，嫁接前芽未萌动。应特别注意，接穗保鲜程度是影响嫁接成活的关键。

砧木生长强壮，无严重病虫害。对于营养缺乏的"小老树"，应通过扩穴施肥，增强树势后再进行高接换优。

高接部位可因树制宜。可在主干或主枝上进行单头单穗、单头双穗或多头多穗高接。嫁接部位的直径以 3～6 厘米为宜，最粗不超过 10 厘米，过粗不利于接口愈合。10 年以上树高接应根据砧木原有从属关系进行高接，接头数不应少于 10～15 个。

为了减少伤流，可在地面以上 20～30 厘米的树干上螺旋状锯 2～3 个深达木质部 1 厘米左右斜放水口，以避免或减少接口处伤流发生。

嫁接的适宜时期在砧木萌芽前后。高接方法以插皮舌接成活率最高。接后用塑料薄膜严密包扎接口，是提高成活率的关键。

（1）砧木选择 选择生长健壮的植株，嫁接部位直径粗 5～7 厘米，不超过 10 厘米。砧木龄在 10 年以上的树，高接部位因树而异，可在主干或主枝上进行单头单穗、单头双穗或多头多穗进行高接。砧木接口直径在 3～4 厘米时可单头单穗，直径 5～8 厘米时可一头插入 2～3 枝接穗。十年生以上的树应根据砧木原从属关系进行高接，高接头数不能少于 3～5 个。对 3～5 年生幼树锯掉树冠或重剪主枝，在主干或主枝的光滑部位高接。

（2）接穗采集与保存 接穗应在发芽前 20～30 天采集，从优良品种树冠外围的中上部采集，粗 1.2 厘米以上，芽子饱满，枝条充实，髓心小（50％以下），无病虫害的一年生健壮枝条。采后剪口一定要用漆封严，防止伤流。接穗剪口应蜡封后分品种捆好，埋到背阴处 5 ℃以下的地沟内保存，也可装入内有湿锯末的塑料袋中，放入冷库中贮藏。嫁接前 2～3 天放在常温下催醒，使其萌动离皮后再嫁接。

(3) 放水 核桃树不同其他果树,嫁接时常有伤流液流出,影响嫁接成活率。因此,在大树高接2~3天前放水,在干基或主枝基部5~10厘米处锯2~3个锯口,深度为干径的1/3~1/5,呈螺旋状交错斜锯放水。也可在嫁接前7天从预嫁接部位以上20厘米处截断,防水后再进行嫁接。幼树改接时一般在接口下距地10~20厘米处,锯两条深达木质部1~1.5厘米的锯口。

(4) 高接时期和方法 高接时期以萌芽出叶3~5厘米最好,太早伤流重,太迟树体养分消耗多。目前应用最普遍的是插皮舌接,嫁接后需要保湿处理,即用内衬有旧报纸的塑料筒套扎在接口上,下部扎紧,筒内装细湿土至接穗顶部以上1厘米,顶部留3~5厘米空间以利于新稍生长。也可采用聚乙烯醇胶液(聚乙烯醇∶水=1∶10加热熔解而成)涂刷接穗的保湿方法,操作简便,省工少料,工效高,接后管理环节少,效果良好。但不如套袋的前期生长快,在干旱多风地区成活率稍低。枝条生长期亦可高接,5月中旬至6月中旬以当年半木质化绿枝作接穗,在砧木的当年生枝上劈接。

(5) 高接后的管理

除萌:除萌应分段进行。接后15天内,适当疏除砧木上萌蘖,可暂时保留1~2个。接后20~30天,视接穗成活情况而定,接芽萌发的,抹除接口以下萌蘖,接穗新鲜而未萌动的,其下部保留一个萌条并控制其生长,接穗已枯死的,保留1个萌条;嫁接30天后,接穗虽成活但生长势极弱,其叶面积不到正常值(正常生长树叶面积×全年生长期天数)的1/10时,萌条应保留,接穗全部死亡的应保留2~3个萌条。保留的萌条应尽量在接口附近部位的较高位置,以保护树干或在生长季再进行芽接或恢复树冠后再进行改接。

放风:为保证成活率,可采取三步放风。第一步在接后20天左右,接芽成活长至0.5厘米时,用剪子把薄膜袋剪一铅笔粗的小口,让接芽钻出;第二步在接后30天左右稍长4厘米,将保湿膜撕一小口,把枝梢引出膜外;第三步在新梢长6厘米以上时,把保湿膜撕开，反卷向下至接口外。避免放风过早或过晚影响成活率。

设立支柱：当新梢长至30厘米左右时要及时在接口处设立1.5米长的支柱，将新梢绑在支柱上以防风折，随着新梢加长要绑缚2～3次。

松绑：接后2～3个月（6月上旬至7月上旬），要将捆绑绳松绑一次，否则会形成缢环，影响接口加粗生长。8月下旬根据具体情况将绑缚物全部去掉。

定枝疏果：定枝的目的在于合理利用水分、养分，促进树体向有序方向发展，达到早整形、快成形。嫁接成活后，接穗上的主芽、副芽都要萌发，在很短的枝段上出现了太多的枝，因此要根据接穗成活后新梢的长势选留部分枝，疏掉多余枝。留下的枝一部分可提早摘心，促进二次分枝，便于树冠伸展丰满，同时为第二年整形修剪打下良好的基础，还可提高产量。如果接后不管，任其生长，则树形乱，第二年整形时左右为难。定枝时间在新梢长至20～30厘米进行。早实核桃品种的接穗在成活当年都要开雌花，若接穗愈合好，新梢生长旺，雌花会自行脱落。如果生长弱则会坐果，应该及早疏掉或少保留果实，尽快恢复树势。否则会因结果多，消耗养分大，树势难以恢复，造成烂根，甚至整株死亡。

摘心：为了充实发育枝，在8月底对全部新梢进行摘心。摘心长度3～5厘米。

加强肥水管理：接穗成活后要灌水2～3次，叶片长出时，开始少量追肥，当新梢20～30厘米时追施一次速效性氮肥，促进新梢生长。8月下旬追施磷钾肥，促进枝条生长充实。

高接树修剪原则：根据树体原有的基础随枝整形。改接后的前几年生长强旺，以轻剪缓放为主，以缓和树势。

病虫害防治：接穗萌芽后，有金龟子和食芽象甲危害嫩芽，应及早喷药防治。

五、核桃园地下管理技术

56. 深翻改土包括哪些内容?

核桃树根系深入土层的深浅与其生长结果有密切关系,决定根系分布深度的主要条件,是土层厚度和理化性状。深翻结合施肥,可改善土壤结构和理化性状,促使土壤团粒结构形成。深翻可加深土壤耕作层,给根系生长创造良好条件,促使根系向纵深伸展,根类、根量均显著增加。深翻促进根系生长,是因深翻后土壤中水、肥、气、热得以改善所致。使树体健壮、新梢长、叶色浓,可提高产量。

(1) 深翻时期 核桃园四季均可深翻,但应根据具体情况与要求因地制宜适时进行,并采用相适应措施,才能收到良好效果。

秋季深翻:一般在果实采收前后结合秋施基肥进行。此时地上部生长较慢,养分开始积累;深翻后正值根系秋季生长高峰,伤口容易愈合,并可长出新根。如结合灌水,可使土粒与根系迅速密接,有利于根系生长,因此秋季是核桃园深翻较好的时间。

春季深翻:应在解冻后及早进行。此时地上部尚处于休眠期,根系刚开始活动,生长较缓慢,但伤根容易愈合和再生。从土壤水分季节变化规律看,春季土壤化冻后,土壤水分向上移动,土质疏松,操作省工。北方多春旱,翻后需及时灌水。早春多风地区,蒸发量大,深翻过程中应及时覆盖根系,免受旱害。风大干旱缺水和寒冷地区不宜春翻。

夏季深翻：最好在根系前期生长高峰过后，北方雨季来临前后进行。深翻后，降水可使土粒与根系密接，不致发生吊根或失水现象。夏季深翻，伤根容易愈合。雨后深翻，可减少灌水，土壤松软，操作省工。但夏季深翻如果伤根过多，易引起落果，故一般结果多的大树不宜在夏季深翻。

冬季深翻：入冬后至土壤上冻前进行，操作时间较长。但要及时盖土以免冻根。如墒情不好，应及时灌水，使土壤下沉，防止冷风冻根。北方寒冷地区一般不进行冬翻。

（2）深翻深度　深翻深度以核桃树主要根系分布层稍深为度，并考虑土壤结构和土质。如山地土层薄，下部为半风化的岩石或滩地在浅层有砾石层、黏土夹层、土质较粘重等，深翻的深度一般要求达到80～100厘米。

（3）深翻方式　以下几种深翻方式应根据果园具体情况灵活运用。一般小树根量较少，一次深翻伤根不多，对树体影响不大。成年树根系已布满全园，以采用隔行深翻为宜。深翻要结合灌水，也要注意排水。山地果园应根据坡度及面积大小等决定。以便于操作，有利于核桃生长为原则。

深翻扩穴：又叫放树窝子。幼树定植数年后，再逐年向外深翻扩大栽植穴，直至株行间全部翻遍为止。适合劳力较少的果园。但每次深翻范围小，需3～4次才能完成全园深翻。每次深翻可施有机肥料于沟底。

隔行深翻：即隔一行翻一行。山地和平地果园因栽植方式不同，深翻方式也有差别。等高撩壕的坡地果园和里高外低梯田果园，第一次先在下半行给以较浅的深翻施肥，下一次在上半行深翻，把土压在下半行，同时施有机肥料。这种深翻应与修整梯田等相结合。平地果园可随机隔行深翻，分两次完成。每次只伤一侧根系，对核桃生育的影响较小。行间深翻便于机械化操作。

全园深翻：将栽植穴以外的土壤一次深翻完毕。这种方法一次需劳力较多，但翻后便于平整土地，有利果园耕作。

57. 黏土地怎样进行培土掺沙？

培土掺沙改良土壤的方法，在我国南北方普遍采用。具有增厚土层、保护根系、增加营养、改良土壤结构等作用。

培土的方法是把土块均匀分布全园，经晾晒打碎，通过耕作把培土与原来土壤逐步混合起来。培土量视植株大小、土源、劳力等条件而定。但一次培土不宜太厚，以免影响根系生长。

压土掺沙的时期，北方寒冷地区一般在晚秋初冬进行，可起保温防冻、积雪保墒作用。压土掺沙后，土壤熟化、沉实，有利核桃生长发育。

压土厚度要适宜，过薄起不到压土作用，过厚对核桃生育不利，"沙压黏"或"黏压沙"时一定要薄一些，一般厚度 5～10 厘米；压半风化石块可厚些，但不超过 15 厘米。连续多年压土，土层过厚会抑制核桃根系呼吸，从而影响核桃生长发育，造成根颈腐烂，树势衰弱，所以一般在果园压土或放淤时，为了防止对根系的不良影响应把土露出根颈。

58. 怎样改良盐碱地？

土壤的酸碱度可影响核桃根系生长。各种果树对酸碱度有一定的适应范围。核桃适应微碱性土壤，在含盐 0.25% 的盐碱地普通核桃根系生长不良，且易发生缺素症，树体易早衰，产量也低，其原因是含盐量大，影响根吸收。野核桃杂交种较耐盐碱，在含盐 0.4% 的盐碱地上仍可正常生长。因此，在盐碱地栽核桃树必须进行土壤改良，选择抗盐砧木类型。改良措施如下：

（1）设置排灌系统 改良盐碱地主要措施之一是引淡洗盐。在果园顺行间每隔 20～40 米挖一道排水沟，一般沟深 1 米，上宽 1.5 米，底宽 0.5～1.0 米。排水沟与较大较深的排水支渠及排水干渠相连，使盐碱能排出园外。园内能定期引淡水进行灌溉，达到灌水洗盐的目的。达到要求含盐量（0.1％）后，应注意生长期灌水压碱、中耕、覆盖、排水，防止盐碱上升。

（2）深耕施有机肥　有机肥料除含营养物质外，还含有机酸，对碱能起中和作用，有机质可改良土壤理化性状，促进团粒结构形成，提高土壤肥力，减少蒸发，防止返碱。

（3）地面覆盖　地面铺沙、盖草或其他物质，可防止盐碱上升。

（4）营造防护林和种植绿肥作物　防护林可降低风速，减少地面蒸发，防止土壤返碱。种植绿肥作物，除增加土壤有机质、改善土壤理化性质外，绿肥的枝叶覆盖地面，可减少土壤蒸发，抑制盐碱上升。实验证明，种田菁（较抗盐）一年，0～30厘米土层盐分可由0.65％降到0.36％，如果能结合排水洗碱，效果更好。

（5）勤中耕　中耕可减少土壤蒸发，防止盐碱上升。此外，施用石膏对碱土改良也有一定作用。

（6）应用土壤结构改良剂改良土壤　近年不少国家已开始运用土壤结构改良剂提高土壤肥力。土壤结构改良剂分有机、无机、无机—有机三种。这些物质可改良土壤理化性及生物学活性，能保护根层，防止水土流失，提高土壤透水性，减少地面径流，固定流沙，加固渠壁，防止渗漏，调节土壤酸碱度。

59. 怎样对核桃园中耕除草？

中耕和除草是两项措施，但往往同时进行。中耕的主要目的在于清除杂草，以减少水分养分的消耗。中耕次数应根据当地气候特点、杂草多少而定，在杂草出苗期和结籽前进行除草效果较好，能消灭大量杂草，减少除草次数。中耕深度一般6～10厘米，过深伤根，对核桃树生长不利，过浅起不到中耕的作用。

（1）生草栽培制　除树盘外，在核桃树行间播种禾本科、豆科等草种的土壤管理方法，叫做生草法。生草法在土壤水分条件较好的果园可以采用。选择优良草种，关键时期补充肥水，刈割覆于地面。在缺乏有机质、土层较深厚、水土易流失的果园，生草法是较好的土壤管理方法。

生草后土壤不进行耕锄，土壤管理较省工。生草可以减少土壤冲刷，遗留在土壤中的草根，增加了土壤有机质，改善土壤理化性状，使土壤能保持良好的团粒结构。在雨季草类用掉土壤中过多水分养分，可促进果实成熟和枝条充实，提高果实品质。生草可提高核桃树对钾和磷的吸收，减少核桃缺钾、缺铁症发生。

长期生草的果园易使表层土板结，影响通气；草根系强大，且在土壤上层分布密度大，截取渗透水分，并消耗表土层氮素，因而导致核桃根系上浮，与核桃争夺水肥的矛盾加大，因此要加以控制。果园采用生草法管理，可通过调节割草周期和增施矿质肥料等措施，如一年内割草 4~6 次，每亩增施 5~10 千克硫酸铵，并酌情灌水，可减轻与核桃争肥争水。

果园草种有三叶草、紫云英、黄豆、苕子、毛野豌豆、苦豆子、山绿豆、山扁豆、地丁、鸡眼草、草木樨、鹅冠草、酱草、黑麦草、野燕麦等。豆科和禾本科混合播种，对改良土壤有良好作用。选用窄叶草可节省水分，一般在年降水量 500 毫米以上且分布不十分集中的地区，即可试种。在生草管理中，当出现有害草种时，需翻耕重播。

（2）浅耕覆盖作物制　在核桃需肥水最多的生长前期保持清耕，后期或雨季种植覆盖作物，待覆盖作物成长后适时翻入土壤，这种方法称为清耕覆盖法，兼有清耕法与生草法的优点，同时减轻两者的缺点。如前期清耕可熟化土壤，保蓄水分养分，供给核桃需要，具有清耕法管理土壤的优点；后期播种间作物，可吸收利用土壤中过多的水肥，有利于果实成熟，提高品质，并可防止水土流失，增加有机质，具有生草法的优点。

（3）覆盖制　在树冠下或稍远处覆以杂草、秸秆等。一般覆草厚度约 10 厘米，覆后逐年腐烂减少，要不断补充新草。平地或山地果园均可采用。地膜覆盖是作物土壤管理的一项技术，经济效益也较明显。

（4）间作制 幼园核桃树体间空地较多，可间作。间作可形成生物群体，群体间可互相依存，还可改善微区气候，有利幼树生长，并可增加收入，提高土地利用率。合理间作既充分利用光能，又可增加土壤有机质，改良土壤理化性状。如间作大豆，除收获豆实外，遗留在土壤中的根、叶，每亩地可增加有机质约 17 千克。利用间作物覆盖地面，可抑制杂草生长，减少蒸发和水土流失，还有防风固沙作用，缩小地面温变幅度，改善生态条件。

在不影响核桃树生长发育的前提下，可种植间作物。种植间作物应加强树盘肥水管理。尤其是在作物与树竞争养分剧烈的时期，要及时施肥灌水。间作物要与树保持一定距离。尤其是播种多年生牧草，更应注意。因多年生牧草根系强大，应避免其根系与核桃树根系交叉，加剧争肥争水的矛盾。

间作物植株矮小，生育期较短，适应性强，与核桃树需水临界期最好错开。在北方没有灌溉条件的果园，耗水量多的宽叶作物（如大豆）可适当推迟播种期。间作物与核桃树没有共同病虫害，比较耐阴和收获较早。并根据各地具体条件制定间作物的轮作制度。轮作制度因地而异，以选中耕作物轮作较好。

（5）免耕制 又叫最少耕作法。主要利用除草剂防除杂草，土壤不进行耕作。这种方法具有保持土壤自然结构，节省劳动力，降低成本等优点。免耕法管理的土壤容重、孔隙度、有机质、酸碱度以及根系分布等都发生显著变化。采用免耕法，地表容易形成一层硬壳，这层硬壳在干旱气候条件下变成龟裂块，在湿润条件下长一层青苔，但在表面形成的硬壳并不向深层发展，故免耕果园能维系土壤自然结构。由于作物根系伸入土壤表层以及土壤生物的活动，可逐步改善土壤结构。随土壤容重的增加，非毛细管孔隙减少，但土壤中可形成比较连续而持久的孔隙网，所以通气较耕作土壤为好。且土壤动物孔道不被破坏，故水分渗透常有所改善，土壤保水能力也很强。免耕果园无杂草，减少水分消耗。土壤中有机质含量比耕作区高，比生草法低。表层土壤结构坚实，便于果园各项操作及果园机械化。

从长远看，免耕法比清耕法土壤结构好。随着杂草种子密度减少，除草剂使用量也随之减少，土壤管理成本降低。但以土层深厚、土质较好的果园采用较好，尤以在潮湿地区刈草与耕作均存在一定困难，应用除草剂除草较为有利。核桃幼树对除草剂敏感，使用除草剂时要特别注意。

60. 常见绿肥作物有哪些？怎样种植？

（1）**紫穗槐**　豆科，多年生宿根落叶灌木。根深叶茂，耐寒，耐盐碱，耐瘠薄，耐涝，有"绿肥之王"之称。嫩枝叶含氮1.32%，磷0.3%。钾0.79%。可采用播种、压条、插条或分根等方法繁殖。定植当年每亩可收获鲜枝叶200～500千克，第二年可收获1 000～1 500千克，第三年收获2 500千克以上。可在夏季收割嫩枝叶压绿肥，增加土壤有机质，也可在秋季落叶前翻压。可利用荒山、丘陵绿化，在园地四周栽成绿色围墙或生物埂。

（2）**沙打旺**　多年生豆科植物。宿根。耐旱，耐瘠薄，喜砂质土壤。根深叶茂，具有防风固沙、保持水土的作用，并可作为蜜源植物。种植当年生长缓慢，第二年生长迅速，产草量较高。主要采用播种繁殖，可春播或秋播。出苗前怕旱，春播宜抢墒进行，夏播较好，播种量0.5～4千克/亩，产草量可达1 500～2 500千克，并开花结实，第三年产量可达3 000千克以上。一年可收割两茬，收割后直接做绿肥或沤制。若做采种用，则夏季不能收割。

（3）**草木樨**　二年生豆科植物，耐寒，耐旱，耐瘠薄。生长旺盛，根系发达，产草量高，鲜草含氮0.48%，氧化钾0.44%，五氧化二磷0.73%。可于秋季或春季播种，每亩用种量1～2千克。第二年可在春夏收割1～2次，收割时留10厘米高的茬。收获的鲜草可直接压埋或沤制。根深叶茂，可抑制其他杂草生长。一般每两年在播种的土壤中保留鲜根500千克左右。这些根腐烂后可改良土壤结构，提高土壤肥力。

(4) 紫花苜蓿 多年生豆科植物，喜欢潮湿温暖的气候条件，在排水量好、微碱性砂质壤土上生长良好，耐盐碱、耐寒力强。产草量较高，第三年每亩可收获2 000～3 000千克，一年可收割3～4次。鲜草含氮2.16%，五氧化二磷0.53%，氧化钾1.49%。用种子繁殖。种皮厚硬，播种前应磨破种皮，以利种子吸水萌发。也可用温水浸种，水温为50～60℃，经15～20分钟后捞出催芽。种子发芽率90%以上。早春播种，播种后覆土2厘米。播种量1～2千克/亩。可直接压青做绿肥。鲜草中含有大量的脂肪、蛋白质、糖类及多种维生素等，被誉为"牧草之王"。是优质的畜牧饲料，还可防风固沙，改良土壤。

(5) 聚合草 多年生绿肥植物，适应性强，喜肥水，也耐干旱。生长迅速，再生能力强。产量较高。农民常说"有多大的肥水就有多大的产量"，是其丰产性的生动写照。由于其再生能力强，多采用无性繁殖。在适宜条件下，可进行分株、切根、插根或茎繁殖，目前多采用切根繁殖。一年可收获3～4次，一天可长2～5厘米。有施肥条件的，每亩产鲜草可达1万千克以上。是饲喂猪、羊的好饲料，是"三北"地区有发展前途的绿肥植物。

(6) 三叶草 可分为红花三叶草和白花三叶草。均为豆科植物。多年生宿根性草本。喜肥水，耐瘠薄，生长量大，亩产可达5 000千克以上。一年可收获3～4次。用种子播种，于早春或盛夏雨季进行。播种深度1～1.5厘米。出苗后应加强管理，及时拔除杂草，否则影响幼苗生长。第一年不收割，第二年后开始收割，作为猪、羊、牛的饲料，也可直接压埋沤制绿肥。三叶草是猪、羊、牛的最好饲料，可发展果园养殖，生产过腹还田肥料。第二年生长迅速，肥水条件适宜，生长旺盛。但三年后应将全园深翻一次，重新种植。

61. 果园如何选择草种？有哪些常用草种？

果园生草选择草种的原则：一是以低秆、生长迅速、有较高产草量、在短时间内地面覆盖率高的牧草为主。不影响果树的光照，一般在 50 厘米以下为宜，匍匐生长的草最好。须根系草较好，尽量选用主根较浅的草种。这样不至于造成与果树争肥水的矛盾。一般禾本科植物的根系较浅，须根多，是较理想的草种。二是与果树没有相同病虫害。所选种的草最好能成危害虫天敌的栖息地。生草覆盖地面时间长，旺盛生长时间短，可减少与果树争肥争水的时间。三是有较好的耐阴性和耐践踏性。四是繁殖简便，管理省工，适合于机械化作业。

在生产上，选择草种时，不可能完全适合于上述条件，但最主要的是选择生长量大、产草量高、覆盖率大和覆盖速度快的草种。也可选用两种牧草同时种植，以起到互补的作用。

果园生草的常用草种：

（1）白三叶草 多年生牧草。豆科植物。耐践踏性强，再生性好，有主根，但较浅。侧根旺盛，主要分布在 20～30 厘米土层中。根上生有根瘤，固氮能力较强。喜温暖、湿润气候，耐寒性、耐热性强，在 −20～−15 ℃能安全越冬。在夏季可耐 40 ℃高温。可在砂壤土、砂土和壤土上生长。喜酸性土壤，不耐盐碱。

（2）扁茎黄芪 多年生豆科植物。主根不深，侧根发达，主要分布在 15～30 厘米深土层。侧根上根瘤量较大，固氮能力强，是改良贫瘠土壤最好的生草种类。对土壤适应性强，耐旱、耐瘠薄、耐阴、耐践踏性强。植株生长量大，一年可刈割 2～3 次。

（3）扁蓿豆 又名野苜蓿、杂花苜蓿。多年生豆科植物。主根不发达，多侧根，根上有根瘤。茎高一般 20～55 厘米，多平卧，分支多，耐干旱，耐寒，耐瘠薄，土壤适应性强，生长旺盛一年可刈割两次以上。

（4）多变小冠花　多年生豆科植物。主根发达、粗壮，侧根发达，且密生根瘤，有较强的固氮能力。根上不定芽再生能力强，根蘖较多。茎多匍匐生长，节间短，多分支，节上易生不定根。适应性强，耐旱、耐寒、耐瘠薄、耐阴、耐践踏，产草量大，生长旺盛。可用种子繁殖，也可用根蘖繁殖。

（5）草地早熟禾　多年生禾本科植物。具须根，有匍匐根茎。茎直立，一般高 25～50 厘米，适应性强，喜温暖和较温暖气候。耐寒、耐旱、耐瘠薄、耐阴、耐践踏。根茎繁殖很快，分蘖量大，一般一株可分蘖出 40～60 个，最多可在 150 个以上。喜排水良好的黏土地。pH 6～7 时生长最好。

62.　核桃园怎样施肥？什么时期施肥？

基肥的施入时期可在春秋两季进行，最好在采收后到落叶前施基肥，此时土温较高，不但有利于伤根愈合、新根形成和生长，而且有利于有机肥料分解和吸收，对提高树体营养水平、促进翌年花芽分化和生长发育均有明显效果。

追肥一般每年进行 2～3 次，第一次在核桃开花前或展叶初期进行，以速效氮为主。主要作用是促进开花坐果和新梢生长。追肥量应占全年追肥量的 50%。第二次在幼果发育期（6 月），仍以速效氮为主，盛果期树也可追施氮磷钾复合肥料。此期追肥主要作用是促进果实发育，减少落果，促进新梢生长和木质化，以及花芽分化，追肥量占全年追肥量的 30%。第三次在坚果硬核期（7 月），以氮磷钾复合肥为主，主要作用是供给核桃仁发育所需的养分，保证坚果充实饱满。此期追肥量占全年追肥量的 20%。

63.　核桃园常用肥料有哪些种类？

核桃园施肥种类有基肥和追肥两种。基肥一般为经过腐熟的有机肥料，如厩肥、堆肥等。能够在较长时间内持续供给树体生长发育所需要的养分，并在一定程度上改良土壤性质。追肥以速效性无机肥料为主，根据树体需要，在生长期中施入，以补充基肥不足，其主要作用是满足某一生长阶段核桃对养分的大量需求。

(1) 有机肥料 有机肥料也称农家肥料，大都是完全肥料，它不但具有核桃生长发育所必需的各种元素，而且还含有丰富的有机物。有机肥料分解慢，肥效长，养分不易流失。由于有机肥料含有丰富的有机质，因此施入土壤后能改善核桃园二氧化碳营养情况，调节土壤微生物活动。有机肥料种类繁多，来源广，数量大，如厩肥、粪肥、饼肥、堆肥、泥土肥、熏肥、绿肥，其中以猪圈肥、人粪尿、堆沤肥、绿肥为最多。

(2) 无机肥料 无机肥又称矿质肥，由矿藏开采、加工或由工厂直接合成生产，也有一些属于工业副产物。无机肥料多具有以下特性：

① 养分含量较高，便于运输、贮藏和施用，施用量少，肥效显著。

② 营养成分比较单一，一般仅含一种或几种主要营养元素。施一种无机肥料会发生植物营养不平衡，产生"偏食"现象，应配合其他无机肥料或有机肥料施用。

③ 肥效迅速，一般3～5天即可见效，但后效短。无机肥料多为水溶性或弱酸溶性，施用后很快转入土壤溶液，可直接被植物吸收利用，但也易造成流失。

(3) 绿肥 将绿色植物的青嫩部分经过刈割或直接翻入土中作肥料，均称为绿肥。绿肥产量高，每亩可产鲜物质1～2吨；组织幼嫩，磷氮值比较小，分解快，肥效显著；根系吸收能力强，可吸收利用难溶性矿物质。一些绿肥植物如沙打旺根系发达，穿透力强，在根系残体转化时能聚集多糖和腐殖质，可改善土壤结构。豆科绿肥植物具有根瘤，可以固定大气中的氮，每年每亩增加2～7.5千克氮素，有时高达11.25千克。绿肥植物可吸收保存苗木或幼树多余的速效营养，以避免淋失。绿肥植物还有遮阳、固沙、保土、防止杂草生长以及提供饲料等作用。

64. **怎样确定核桃施肥量**?

核桃树为多年生树，每年生长和结实需要从土壤中吸收大量营养元素，特别是幼树，发育的好坏直接影响盛果期产量，因此更应保证足够的养分供应。

确定施肥量的主要依据是土壤的肥力水平、核桃生长状况以及不同时期核桃对养分的需求变化等。一般幼树需氮较多，对磷、钾的需求量较少。进入结果期后，对磷、钾的需求量增加，所以幼树以施氮肥为主，成年树在施氮肥的同时注意增施磷、钾肥。

具体施肥量可参照表3。早实核桃一般从第二年开始结果，为确保营养生长与产量同步增长，施肥量应高于晚实核桃。根据近年来早实核桃密植丰产园的施肥经验，初步提出1~10年生树每平方米冠幅面积年施肥量为：氮肥50克，磷、钾肥各20克，有机肥5千克。成年树的施肥量可根据具体情况，并参照幼年树的施肥量决定，注意适当增加有机肥和磷、钾肥用量。

表3　晚实核桃树施肥量标准

时期	树龄（年）	每株树平均施肥量（有效成分：克）			有机肥（千克）
		氮	磷	钾	
幼树期	1~3	50	20	20	5
	4~6	100	40	50	5
结果初期	7~10	200	100	100	10
	11~15	400	200	200	20
	16~20	600	400	400	30
盛果期限	21~30	800	600	600	40
	>30	1 200	1 000	1 000	>50

65. 施肥方法有哪些?

(1) 辐射状施肥 以树干为中心,距树干 1.0～1.5 米处,沿水平根方向,向外挖 4～6 条辐射状施肥沟,沟宽 40～50 厘米,深 30～40 厘米,由里到外逐渐加深,沟长随树冠大小而定,一般为 1～2 米。肥料均匀施入沟内,埋好即可。施基肥要深,施追肥可浅。每次施肥应错开开沟位置,扩大施肥面。此法对五年生以上幼树较常用。

(2) 环状施肥 沿树冠边缘挖环状沟,宽 40～50 厘米,深 30～40 厘米。此法易挖断水平根,且施肥范围小,适用于四年生以下的幼树。

(3) 穴状施肥 多用于施追肥。以树干为中心,从树冠半径的 1/2 处开始,挖成若干个小穴,穴的分布要均匀,将肥料施入穴中埋好。也可在树冠边缘至树冠半径 1/2 处的施肥圈内,在各个方位挖成若干不规则的施肥小穴,施入肥料后埋土。

(4) 条状沟施 在树冠外沿相对两侧开沟,宽 40～50 厘米,深 30～40 厘米,长随树冠大小而定。第二年挖沟位置可调换到另两侧。此法适用于幼树或成年树。

(5) 全园撒施 施肥后均应立即灌水,以增加肥效(包括以上五种方法)。若无灌溉条件,应做好保水措施。

(6) 根外追肥 特别是在树体出现缺素症时,或为了补充某些容易被土壤固定的元素,通过根外追肥可收到良好的效果,对缺水少肥地区尤为实用。叶面追肥的种类和浓度,尿素 0.3%～0.5%,过磷酸钙 0.5%～1%,硫酸钾 0.2%～0.3%,硼酸 0.1%～0.2%,硫酸铜 0.3%～0.5%。总的原则是生长前期施稀肥,后期可施浓肥。喷肥应在上午 10 时以前和下午 3 时以后进行,阴雨或大风天气不宜喷肥。注意叶面喷肥不能代替土壤施肥,二者结合才能取得良好效果。实际应用尤其在混用农药时,应先做小规模试验，以避免发生药害造成损失。

66. 怎样进行营养诊断和配方施肥？

营养诊断就是根据树体和土壤营养状况进行化学或形态分析，判断核桃营养盈亏状况，从而指导施肥。核桃的营养状况直接关系到核桃树体发育和生长结果，要使核桃健壮起来，适时结果，丰产优质，必须保证适当的营养状况。在实际生产中常常见到核桃树体缺乏某种或数种营养元素，出现缺素症，如缺铁失绿症、缺锌小叶症等；相反，有时由于某些元素过多，导致树体发育不良，如锰元素过多会引起树皮疱疹，氯过多会引起盐害。这说明核桃树体营养并不是越多越好，而是要求各营养元素在树体中保持一定的生理平衡。因此，要根据树体和土壤营养情况，有目的施肥。

(1) 形态诊断 通过树体外观表现，对核桃营养状况进行客观判断。形态诊断是一种简便易行的方法。由于核桃缺乏某种元素一般会在形态上表现出来，即所谓缺素症，这种症状与内在营养失调有密切联系，因而是形态诊断的依据。

核桃缺铜症状：铜是叶绿体中质体蓝素的组成部分，它对光合作用有重要影响。核桃缺铜，初期叶片呈暗绿色，后期发生斑点状失绿，叶边缘焦枯，好像被烧伤，有时出现与叶边平行的橙褐色条纹，严重缺铜时枝条出现弯曲。核桃缺铜常发生在碱性土、石灰性土和沙质土地区，大量施用氮肥和磷肥可能引起核桃缺铜。生产上施用铜肥或叶面喷波尔多液等方法都能防治或兼治缺铜症。花后（6月底以前）喷0.05%硫酸铜溶液效果也佳。

核桃缺钼症状：核桃缺钼首先表现在老叶上，最初在叶脉间出现黄绿色或橙色斑点，而后分布在全部叶片上。与缺氮不同的是只在叶脉间生绿，而不是全叶变黄，以后叶片边缘卷曲、干萎，最后坏死。施用钼肥，如钼酸铵或钼酸钠可防治核桃缺钼。花后喷0.3%～0.6%钼酸铵溶液1～3次亦有效。

核桃缺氮或氮元素过量症状：核桃轻度缺氮时叶色呈黄绿色，严重缺氮时为黄色，叶片较早停止生长，叶片显著变小。树体内氮素同化物有高度的移动性，能从老叶转移到嫩叶。所以严重缺氮时，新梢基部老叶逐渐失绿变为黄色，并不断向新梢顶端发展，使新梢嫩叶也变为黄色，同时新生的叶片叶形变小，叶柄与枝条成钝角，枝条细长而硬，皮色呈淡红褐色。核桃氮素过量时，新梢生长旺盛甚至徒长，叶片大而薄，不易脱落，新梢停止生长延迟，营养积累差，不能充分进行花芽分化，枝条组织成熟差，抗旱力减弱。

核桃缺磷或磷过量症状：核桃对磷的需要量比氮、钾少，虽然核桃缺磷不像缺氮在形态上表现那么明显，但树体内的各种代谢过程都会受到不同程度的抑制。核桃缺磷时，叶色呈暗绿色，如同氮肥施用过多，新梢生长很慢，新生叶片较小，枝条明显变细，而且分枝少。观察可以发现叶柄及叶背的叶脉呈紫红色，叶柄与枝条成钝角。根系发育不良，矮化。磷过量也会对核桃产生一些不良影响，虽然磷素过多不如氮素过多那样影响核桃生长，但会增强核桃的呼吸作用，消耗大量糖分，从而使茎、叶生长受到抑制。另外，磷素过多时，水溶性磷酸盐可与土壤中锌、铁、镁等元素生成溶解度较小的化合物，从而降低其有效性，使核桃表现出缺锌、缺铁、缺镁等症状。

核桃缺钾症状：核桃体内钾的流动性很强，因此缺钾素表现在生长中期以后。轻度缺钾与轻度缺氮的症状相似，叶片呈黄绿色，枝条细长呈深黄色或红黄色。严重缺钾时，新梢中部或下部老龄叶片边缘附近出现暗紫色病变，夏季几小时即枯焦，使叶片出现焦边现象，而后病变为茶褐色，使叶片皱缩卷曲。

（2）叶片分析诊断 叶片分析诊断通常是在形态诊断的基础上进行。特别是某种元素缺乏而未表现出典型症状时，须再用叶片分析方法进一步确诊。一般来说，叶片分析的结果是核桃营养状况最直接的反应，因此诊断结果准确可靠。叶片分析方法是用植株叶片元素的含量与事先经过试验研究拟定的临界含量或指标（即核桃叶片各种元素含量标准植）相比较，用以确定某些元素的缺乏或失调。

样品的采集：进行叶片分析需采集分析样品，核桃树取带叶柄叶片，即新梢具 5、9、13 或 17 个小叶的叶片中部的一对小叶。取样时要照顾到树冠四周方位。取样的时间在盛花后 6～8 周。取样数量以混合叶样不少于 100 片为宜。

样品的处理：采集的样品装在塑料袋中，放在冰壶内迅速带回实验室。取回的样品用洗涤液立即洗涤。洗涤液是用洗涤剂或洗衣粉配成 0.1% 的水溶液。取一块脱脂棉用竹镊子夹住轻轻擦洗，动作要快，洗几片拿几片，不要全部倒在水中，叶柄顶端最好不要浸在水中，以免养分淋失。如果叶片上有农药或肥料，应在洗涤剂中加入盐酸，配成 0.1 摩尔的盐酸溶液；也可先用洗涤剂洗涤，然后用 0.1 摩尔的盐酸洗涤。从洗涤剂中取出的叶片，立即用清水冲掉洗涤剂。

取相互比较的样品时，要从品种、砧木、树龄、树势、生长量等立地条件相对一致的树上取样，不取有病虫害或破损不正常的叶片；取到的样品要按田间编号、样品号、样品名称、取样地点、取样日期和取样部位等填写标签。

(3) 施肥诊断　在形态诊断和叶片分析诊断的基础上，最后确诊可用施肥诊断的方法，即设置施肥处理和不施肥处理。经过一段时间观察，如果缺素症状消失，表明诊断正确。核桃园施肥，应根据核桃树体本身营养吸收和利用规律，有针对性地进行配方施肥和营养诊断施肥，合理施用化肥，加强对土杂肥、粪肥等有机肥施用。核桃正常生长发育不仅需要维持树体从土壤中吸收肥料与施入肥料之间平衡，与土壤能够供应肥料之间的平衡，而且还要维持氮、磷、钾、钙、锰、铜、锌、硼等多种营养元素之间的平衡。维持或调节这些元素之间的比例，使之达到一个良好的动态平衡，减少盲目施肥造成的浪费和危害。

67. 水分对核桃生长结果有哪些影响？

核桃树枝、叶、根中水分占 50% 左右，叶片进行光合作用以及光合产物运送和积累；维持细胞膨胀压，保证气孔开闭；蒸腾散失水分，调节树体温度；矿质元素进入树体等，一切生命活动都必须在有水的条件下进行。水分丰缺状况是影响树体生长发育进程、制约产量及质量的重要因素。

核桃树年周期中，果实发育期和硬核期需要较多的水分，供水不足会引起大量落果，核仁不饱满，影响产量和品质。缺水，则萌芽晚或发芽不整齐，开花坐果率低，新梢生长受阻，叶片小，新梢短，树势弱。年降水量 600 毫米以上，可基本满足普通核桃的需要。季节降水很不均匀，有春旱的地区必须设法灌溉。新梢停止生长，进入花芽分化期，需水量相对减少，此时水多对花芽分化不利；果实发育期间要求供水均匀，临近成熟期水分忽多忽少，会导致品质下降、采前落果；生长后期枝条充实、果实体积增大，也需要适宜的水分，干旱影响营养物质转化和积累，降低越冬能力。

核桃树所需水分来源于土壤，表示土壤水分丰缺常用的指标是田间持水量。当土壤含水量为田间最大持水量 60% 左右时，对核桃树生长最适宜。若水分含量达到田间最大（饱和）持水量，说明土壤有效水已经超过上限，常出现徒长等湿害现象，甚至死亡。当核桃树从土壤中吸收的水分不满足蒸腾消耗时，枝叶暂时萎蔫，此时的土壤水分含量降至凋萎点（萎蔫系数），为土壤有效水的下限，需给树体补水，一般核桃园在含水量降至田间持水量的 50% 左右时即行灌溉。如果长时间发生凋萎现象，树体已经受害，果实产量和质量降低，再供水也无济于事。

如果土壤中水分过多，土壤孔隙全被水占满（这在大雨、暴雨或大水漫灌后常出现），根系所需的氧气会被全部挤出，根停止活动，地上部所需的水分和矿质养分中断，树体即出现涝害。积水时间越长，根系死亡越多。积水土壤中的氧化过程受阻，还原物质如甲烷（CH_4）、硫化氢（H_2S）等积累，使核桃树中毒，这是涝害的又一原因。

68. 核桃园常用的灌水方法有哪些？怎样合理灌溉？

根据输水方式，果园灌溉可分为地面灌溉、地下灌溉、喷灌和滴灌。目前大部分果园仍采用地面灌溉，干旱山区多为穴灌或沟灌，少数果园用喷灌、滴灌，个别用地下管道渗灌。

（1）地面灌溉 最常用的方法是漫灌。在水源充足，靠近河流、水库、塘坝、机井的果园，在园边或几行树间修筑较高的畦埂，通过明沟把水引入果园。地面灌溉，灌水量大，湿润程度不匀，加剧了土壤水气矛盾，对土壤结构也有破坏作用。在低洼及盐碱地，还有抬高地下水位，使土壤泛碱的弊端。

与漫灌近似的是畦灌，以单株或一行树为单位筑畦，通过多级水沟把水引入树盘进行灌溉。畦灌用水量较少，也便于管理，有漫灌的缺点，只是程度较轻。在山区梯田、坡地则树盘灌溉普遍采用。

穴灌是节水灌溉。即根据树冠大小，在树冠投影范围内开 6～8 个直径 25～30 厘米、深 20～30 厘米的穴，将水注入穴中，待水渗后埋土保墒。在灌过水的穴上覆盖地膜或杂草，保墒效果更好。

沟灌是地面灌溉中较好的方法。即在核桃行间开沟，把水引入沟中，靠渗透湿润根际土壤。节省灌溉用水，又不破坏土壤结构。灌水沟的多少以栽植密度而定，在稀植条件下，每隔 1～1.5 米开一条沟，宽 50 厘米、深 30 厘米左右。密植园可在两行树之间只开一条沟。灌水后平沟整地。

（2）地下灌溉 借助地下管道，把水引入深层土壤，通过毛管作用逐渐湿润根系周围。用水经济，节省土地，不影响地面耕作。整个管道系统包括水塔（水池）、控水枢纽、干管、支管和毛管。

各级管道在园中交织成网状排列，管道埋于地下 50 厘米处。通过干管、支管把水引入果园，毛管铺设在行间或株间，管上每隔一段距离留有出水小孔（或其他新材料渗透水）。灌溉时水从小孔渗出湿润土壤。控水枢纽处设严密的过滤装置，防止泥沙、杂物进入管道。山地果园可把供水池建在高处，依靠自压灌溉；平地果园则需修建水塔，通过机械扬水加压。

干旱缺水的山区可使用果树皿灌器。以当地红黏土为主，配合适量褐、黄、黑土及耐高温特异土，烧成三层复合结构的陶罐。陶罐口径及底径均为 20 厘米，胴径、高皆为 35 厘米，壁厚 0.8～1.0 厘米，容水量约 20 千克。将陶罐埋于果树根系集中分布区，两罐之间相距 2 米。罐口略低于地平面，注水后用塑膜封口。一般情况下，每年 4 月上旬、5 月上旬、5 月末 6 月初及 7 月末 8 月初各灌水一次，共 4 次。陶罐渗灌可改良土壤理化性状，有利于果树生长结果。在水中加入微量元素铁、锌等，还能防治缺素症。适合在山地、丘陵及水源紧缺的果园推广。

(3) 喷灌 整个喷灌系统包括水源、进水管、水泵站、输水管道、竖管和喷头几部分。应用时可根据土壤质地、湿润程度、风力大小等调节压力、选用喷头及确定喷灌强度，以便达到无渗漏、径流损失，又不破坏土壤结构，同时能均匀湿润土壤的目的。节约用水，用水量是地面灌溉的 1/4，保护土壤结构。调节果园小气候，清洁叶面，霜冻时还可减轻冻害，炎夏喷灌可降低叶温、气温和土温，防止高温、日灼伤害。

(4) 滴灌 整个系统包括控制设备（水泵、水表、压力表、过滤器、混肥罐等）、干管、支管、毛管和滴头。具有一定压力的水从水源经严格过滤后流入干管和支管，把水输送到果树行间，围绕树体的毛管与支管连接，毛管上安有 4～6 个滴头（滴头流量一般2～4 升/小时）。通过滴头水源源不断地滴入土壤，使果树根系分布层的土壤一直保持最适宜的湿度状态。滴灌是一种用水经济、省工、省力的灌溉方法，特别适用于缺少水源的干旱山区及沙地。应用滴灌比喷灌节水 36%～50%，比漫灌节水 80%～92%。由于供水均匀、持久，根系周围环境稳定，十分有利于果树的生长发育。但滴头易发生堵塞，更换及维修困难。昼夜不停使用滴灌时，土壤水分过饱和，易造成湿害。滴灌时间应掌握湿润根系集中分布层为度。滴灌间隔期应以核桃生育进程需要而定。通常在不出现萎焉现象时勿须过频灌水。

69. 核桃园有几个重要的灌溉时期？怎样确定灌溉时期？

确定果园的灌溉时期，一要根据土壤含水量，二要根据核桃物候期及需水特点。依物候期灌溉，主要是春季萌芽前后、坐果后、采收后三次。除物候指标外，还参考土壤实际含水量而确定灌溉期。一般生长期要求土壤含水量低于 60% 时灌溉；当超过 80% 时，则需及时中耕散湿或开沟排水。具体实施灌溉时，要分析当时、当地降水状况、核桃生育时期和生长发育状况。灌溉还应结合施肥进行。核桃应灌顶凌水和促萌水，并在硬核期、种仁充实期及封冻前灌水。

（1）**萌芽水** 3～4 月核桃开始萌动，发芽抽枝，此期物候变化快而短，几乎在一个月的时间里要完成萌芽、抽枝、展叶和开花等生长发育过程，又正值北方地区春旱少雨时节，故应结合施肥灌水。

（2）**花后水** 5～6 月雌花受精后，果实迅速进入速长期，其生长量约占全年生长的 80%。到 6 月下旬，雌花也开始分化，这段时期需要大量的养分和水分供应，如干旱应及时灌水，以满足果实发育和花芽分化对水分的需要。特别在硬核期（花后 6 周）前，应灌一次透水，以确保核仁饱满。

（3）**采后水** 10 月末至 11 月初（落叶前），可结合秋施基肥灌一次水。此次灌水有利于土壤保墒，且能促进厩肥分解，增加冬前树体养分贮备，提高幼树越冬能力，也有利于翌春萌芽和开花。

70. 怎样确定灌水量？

合理的灌水量，一要根据树体本身的需要，二要看土壤湿度状况，同时要考虑土壤的保水能力及需要湿润的土层深度来确定。王仲春等以苹果为试材，测定了不同土壤种类在水分当量（土壤中的水分含量下降到不能移动时的含水量）附近时的灌水量。生产中可根据对土壤含水量的测定结果，或手测、目测的验墒经验，判断是否需要灌水。其灌水量可参考表4。

表4　不同土壤种类在水分当量时的灌水量（以亩计）

土类	最低含水量*		理想含水量**	
	吨	相当于降水（毫米）	吨	相当于降水（毫米）
细沙土	18.8	29	81.6	126
沙壤土	24.8	39	81.6	125
壤土	22.1	34	83.6	129
黏壤土	19.4	30	84.2	130
黏土	18.1	28	88.8	137

*表示20厘米深的土层中含水量达到田间最大持水量的60%时的灌水量；**表示40厘米深的土层中含水量达到田间最大持水量的60%时的灌水量。

每次灌水以湿润主要根系分布层的土壤为宜，不宜过大或过小，既不造成渗漏浪费，又能使主要根系分布范围内有适宜的含水量和必要的空气。具体计算一次的灌水用量时，要根据气候、土壤类型、树种、树龄及灌溉方式确定。核桃树的根系较深，需湿润较深的土层，在同样立地条件下用水量要大。成龄树需水多，灌水量宜大；幼树和旺树可少灌或不灌。沙地漏水，灌溉宜少量多次；黏土保水力强，可一次适当多灌，加强保墒而减少灌溉次数。

灌水量（吨）＝灌溉面积（平方米）×土壤浸湿深度（米）×土壤容重×（田间持水量－灌溉前土壤湿度）

例如，某果园为砂壤土，田间持水量为 36.7％，容重为 1.62，灌溉前根系分布层的土壤湿度为 15％，欲浸湿 60 厘米土层，每亩果园灌水量应该是为 140.6 吨。即

灌水量＝666.6×0.6×1.62×（0.367－0.15）＝140.6（吨）

71. **怎样进行蓄水保墒灌溉?**

土壤含水量适宜且稳定，可促进各种矿物质均匀转化和吸收，提高肥效。实行穴施肥水、地膜覆盖，是保持土壤含水量、充分利用水源、提高肥效的有效措施。

在瘠薄干旱的山地果园，地膜覆盖与穴贮肥水相结合，效果很好。在树盘根系集中分布区挖深 40～50 厘米、直径 40 厘米的穴，将优质有机肥约 50 千克与穴土拌合填入穴中，也可填入一个浸过尿液的草把，浇水后盖上地膜，地膜中心戳一个小洞，用石板盖住，追肥灌水可于洞口灌入肥水（30 千克左右），水渗入穴中再封严。施肥穴每隔 1～2 年改动一次位置。

覆盖地膜后，大大减少地面水分蒸发，使土壤造成一个长期稳定的水分环境，有利于微生物活动和肥料分解利用，起到以水济肥的作用。

72. **怎样防涝排水?**

果园排水系统由小区内的排水沟、小区边缘的排水支沟和排水干沟组成。

排水沟挖在果园行间，把地里的水排到排水支沟中去。排水沟的大小、坡降以及沟与沟之间的距离，要根据地下水位的高低、雨季降水量多少而定。

排水支沟位于果园小区的边缘，主要作用是把排水沟中的水排到排水干沟中去。排水支沟要比排水沟略深，宽度可根据小区面积

而定，小区面积大的可适当宽些，小区面积小的可以窄些。

　　排水干沟挖在果园边缘，与排水支沟、自然河沟连通，把水排出果园。排水干沟比排水支沟要宽、深些。

　　有泉水的涝洼地，或上一层梯田渗水汇集到果园而形成的涝洼地，可在涝洼地上方开一条截水沟，将水排出果园，也可以在涝洼地用石砌一条排水暗沟，使水由地下排出果园。对于因树盘低洼而积涝的果园，则结合土壤管理，在整地时加高树盘土壤，使之稍高出地面，以解除树盘低洼积涝。

六、早实核桃整形修剪技术

73. 早实核桃有几种适宜的树形?

（1）**疏散分层形** 一般 6～7 个主枝，2～3 层配置。其特点是，成形后树冠呈半圆形，通风透光良好，寿命长，产量高，负载量大，适于生长在条件较好的地区和干性强的稀植树。中央领导干应选长势壮、方向接近垂直的树培养，并按不同方向均匀选留 2～3 个邻近枝作第一层主枝，基角 60°。栽后 4～5 年，选留第二层主枝 2 个，上下两层主枝间隔距离 1.5 米左右，以免枝叶过密，影响通风透光。栽后 5～6 年选留第三层主枝 1～2 个，保持二、三层间距 0.8～1 米，在第一个侧枝对面留第二侧枝，距第一侧枝 0.5 米左右。距第二侧枝 0.5 米留第三侧枝。

（2）**自然开心形** 其特点是无明显中心主干，成形快，结果早，整形容易，便于掌握。适于土层较薄、土质较差、肥水不良的地区和树形开张的树种。自然开心不分层次，可留 2～3 个主枝，每个主枝选留斜生侧枝 2～3 个。方法基本同疏散分层形。但第一侧枝距中心应稍近，如留两个主枝，为 0.6 米；留三个主枝为 1 米。整形期间应注意调整各主枝产量的平衡，防止背后侧枝与主枝延长枝的竞争。

（3）**纺锤形** 适于早实品种密植园。干高 60 厘米左右，树高约 6 米，有中央干，直立，其上自然分布 15～20 个侧枝，向四周伸展，下部侧枝略长，外观像纺锤一样。

74. 核桃树体结构由几部分组成？

（1）主干　指从地面到构成树冠的第一大主枝基部的一段树干。主干负载整个树冠的重量，起着沟通地上与地下营养物质交换的作用。

（2）中心干　也叫中央领导干。是主干的延长部分，即从主干上端第一主枝以上，处于树冠中心，向树冠顶端生长的树干。构成树冠的所有主枝都着生在中心干上。

（3）主枝　又叫骨干枝。是着生于中心干上并构成树冠的各大分枝。

（4）辅养枝　指着生在树冠各类枝上的非骨干枝。在果树的生命活动中，辅养枝起着辅养树体生长结果的作用。辅养枝又分临时性辅养枝和永久性辅养枝两类。

（5）侧枝　直接着生在主枝上的骨干枝。每个主枝都有一个以上侧枝。各侧枝从靠近主枝基部的第一个算起，分别称为第一、第二、第三等侧枝。

75. 核桃有几种芽？怎样识别？

（1）按芽的性质分类

叶芽：萌发后，只抽枝长叶的芽为叶芽。叶芽与花芽不同，较瘦小而先端尖，鳞片也较窄。铁核桃营养枝顶端着生的叶芽，体大，呈圆锥形或三角形。

花芽：凡萌发后抽生花序的芽为花芽，核桃为雄花芽。

混合芽：萌发后，除抽生花序外还可抽生枝叶的芽为混合芽，抽生结果枝。

（2）按芽的位置分类

主芽：生于叶腋芽的中央而最充实的芽，称为主芽。主芽分化花芽和叶芽两种。

副芽：在叶腋主芽两侧各生一个芽，称为副芽。

（3）按芽的个数分类

单芽：在一节上仅有一个芽，称为单芽。

复芽：在一节上着生两个以上的芽，叫做复芽。复芽又称为双芽、三芽、四芽等，其中间的芽为叶芽，其他为花芽。但个别品种例外，早实核桃枝在一节上有双芽或三芽，而且全是花芽。核桃树枝的复芽多着生在树条中部的叶腋间。

（4）按芽的萌发时间分类

隐芽：又称潜伏芽、休眠芽。树上的芽形成后，除当年萌发为二次枝或副芽抽生的副梢外，有一部分不能萌发，暂时仍以原形潜伏，待机再萌发抽生树条，这些芽叫隐芽。隐芽在正常状态下不会自行觉醒萌发，只有受到某种刺激时才能萌发。隐芽寿命与树种有关，核桃树隐芽寿命较长，便于更新。

早熟芽：当年形成当年就萌发的芽，叫早熟芽。早实核桃枝芽具有早熟性，当年可萌发二次枝。

76. 整形修剪有什么作用？

（1）调节核桃树体与环境间的关系 整形修剪可调整核桃树个体与群体结构，提高光能利用率，创造较好的微域气候条件，更有效地利用空间。良好的群体和树冠结构，还有利于通风、调节温度、湿度和便于操作。

提高有效叶面积指数和改善光照条件，是核桃树整形应遵循的原则，只顾前者，往往影响品质，也影响产量；只顾后者，则往往影响产量。

增加叶面积指数，主要是多留枝，增加叶丛枝比例，改善群体和树冠结构。改善光照主要控制叶幕，改善群体和树冠结构，其中通过合理整形，可协调两者的矛盾。

稀植时，整形主要考虑个体的发展，重视快速利用空间，树冠结构合理及其各局部势力均衡，尽量做到扩大树冠快，枝量多，先密后稀，层次分明，骨干开展，势力均衡。密植时，整形主要考虑群体发展，注意调节群体叶幕结构，解决群体与个体的矛盾；尽量做到个体服从群体，树冠要矮，骨干要少，控制树冠，通风透光，前促后控，以结果来控制树冠。

(2) 调节树体各局部的均衡关系　利用地上部与地下部动态平衡规律调节核桃树的整体生长。核桃树地上部与地下部是相互依赖相互制约的，二者保持动态平衡。任何一方的增强或减弱，都会影响另一方面的强弱。修剪就是有目的地调整两者的均衡，以建立新的平衡关系。但因受到接穗和砧木生长势强弱、贮藏养分多少、剪留枝芽多少、根质量好坏以及环境和栽培措施等因素的制约而有变化。对生长旺盛，花芽较少的树，修剪虽然促进局部生长，但由于剪去了一部分器官和同化养分，一般会抑制全树生长，使全树总生长量减少，这就是通常所称修剪的二重作用。但是，对花芽多的成年树，由于剪去部分花芽和更新复壮等的作用，反而会比不修剪增加总生长量，促进全树生长。

在年周期中树体内贮藏养分最少的时期进行树冠修剪，则修剪愈重，叶面积损失愈大，根的饥饿愈重，新梢生长反而削弱，对整体对局部都产生抑制效应。如核桃春季过晚修剪、抽枝展叶后修剪，则因养分消耗多，又无叶片同化产物回流，致使根系严重饥饿，往往造成树势衰弱。对于生长旺盛的树，如通过合理摘心，全树总枝梢生长量和叶面积也有可能增长。

由此看来，修剪在利用地上部地下部平衡规律所产生的效应随树势、物候期和修剪方法、部位等不同而改变，有可能局部促进，整体抑制；此处促进，彼处抑制；此时加强，彼时削弱，必须具体分析，灵活应用。

调节营养器官与生殖器官的均衡。生长与结果这一基本矛盾在核桃树一生中同时存在，贯穿始终。可通过修剪进行调节，使双方达到相对均衡，为高产稳产优质创造条件。首先要保证有足够数量的优质营养器官。其次要使其能产生一定数量的花果，并与营养器官的数量相适应，如花芽过多，必须疏剪花芽和疏花疏果，促进根叶生长，维持两类器官的均衡。第三要着眼于各器官各部分的相对独立性，使一部分枝梢生长，一部分枝梢结果，每年交替，相互转化，使两者达到相对均衡。

调节同类器官间的均衡。一株核桃树上同类器官之间也存在矛盾，要通过修剪加以调节，以有利于生长结果。用修剪调节时，要注意器官的数量、质量和类型。有的要抑强扶弱，使生长适中，有利于结果；有的要选优去劣，集中营养供应，提高器官质量。对于枝条，既要保证有一定的数量，又要搭配和调节长、中、短各类枝的比例和部位。对徒长旺枝要去除一部分，以缓和竞争，使多数枝条健壮，从而利于生长和结果。再如，结果枝和花芽的数量少时，应尽量保留；雄花数量过多，选优去劣，减少消耗，集中营养，保证留下的枝生长良好。

（3）调节树体的营养状况　调整树体叶面积，改变光照条件，影响光合产量，从而改变了树体营养制造状况和营养水平。调节地上部与地下部的平衡，影响根系的生长，从而影响无机营养的吸收与有机营养的分配状况。调节营养器官和生殖器官的数量、比例和类型，从而影响树体的营养积累和代谢状况。控制无效枝叶和调整花果数量，减少营养的无效消耗。调节枝条角度、器官数量、输导通路、生长中心等，定向运转和分配营养物质。核桃树修剪后树体内水分、养分的变化很明显。修剪可提高枝条的含氮量及水分含量。修剪程度不同，其含量变化有所区别，但在新梢发芽和伸长期修剪，对新梢内碳水化合物含量、含氮及含水量随修剪程度加重而有减少的趋势。

77. 整形修剪应该遵循哪些原则?

（1）自然环境和当地条件　自然环境和当地条件对果树的生长

有较大的影响。在多雨多湿的地带，果园的光照和通风条件较差，树势容易偏旺，应适当控制树冠的体积，栽植密度应适当小一些，留枝密度也应适当减小；在干燥少雨的地带，果园光照充足，通风较好，则果树可栽得密一些，留枝也可适当多一些；在土壤瘠薄的山地、丘陵地和沙地，果树生长发育往往受到限制，树势一般表现较弱，整形应采用小冠型，主干可矮一些，主枝数目相对多一些，层次要少，层间距要小，修剪应稍重，多短截，少疏枝；在土壤肥沃、地势平坦、灌水条件好的果园，果树往往容易旺长，整形修剪可采用大冠型，主干要高一些，主枝数目适当减少，层间距要适当加大，修剪要轻；风害较重的地区，应选用小冠型，降低主干高度，留枝量应适当减小；易遭霜冻的地方，冬剪时应多留花芽，待花前复剪时再调整花量。

(2) 品种和生物学特性 萌芽力弱的品种，抽生中短枝少，进入结果期晚，幼树修剪时应多采用缓放和轻短截；成枝力弱的品种，扩展树冠较慢，应采用多短截少疏枝；以中、长果枝结果为主的品种，应多缓放中庸枝以形成花芽；以短果枝结果为主的品种，应多轻截，促发短枝形成花芽；对干性强的品种，中心干的修剪应选弱枝当头或采用"小换头"的方法抑制上强；对干性弱的品种，中心干的修剪应选强枝当头以防止上弱下强；枝条较直立的品种，应及时开角缓和树势，以利形成花芽；枝条易开张下垂的品种，应利用直立枝抬高角度，以维持树势，防止衰弱。

(3) 核桃树年龄 生长旺的树宜轻剪缓放，疏去过密枝，留辅养枝，弱枝宜短截，重剪少疏，注意背下枝修剪。初果期是核桃树从营养生长为主向结果为主转化的时期，树体发育尚未完成，结果量逐年增加，这时的修剪应当既利于扩大树冠，又利于逐年增加产量，还要为盛果期树连年丰产打好基础；盛果期的树，在保证树冠体积和树势的前提下，应促使盛果期年限尽量延长；衰老期果树营养生长衰退，结果量开始下降，此时修剪应使之达到复壮树势、维持产量、延长结果年限。

（4）枝条的类型　由于各种枝条营养物质的积累和消耗不同，各枝条所起的作用也不同，修剪时应根据目的和用途采取不同的修剪方式。树冠内膛的细弱枝，营养物质积累少，如用于辅养树体，可暂时保留；如生长过密，影响通风透光，可部分疏除，同时可起到减少营养消耗的作用。中长枝积累营养多，除满足本身的生长需要外，还可向附近枝条提供营养。如用于辅养树体，可作为辅养枝修剪；如用于结果，可采用促进成花的修剪方法。强旺枝生长量大，消耗营养多，甚至争夺附近枝条的营养，对这类枝条，如用于建造树冠骨架，可根据需要进行短截；如属于与发育枝争夺营养的枝条，应疏除或采用缓和枝势的剪法；如需要利用其更新复壮枝势或树势，则可采用短截法促使旺枝萌发。

（5）地上部与地下部的平衡　核桃树地上与地下两部分组成一个整体。叶片和根系是营养物质生产合成的两个主要器官。它们之间在营养物质和光合产物运输分配相互联系、相互影响，并由树体本身的自行调节作用使地上和地下部分经常保持一定相对平衡关系。当环境条件改变或人为措施时（如土壤、水肥、自然灾害及修剪等），这种平衡关系即受到破坏和制约。平衡关系破坏后，核桃树会在变化了的条件下逐渐建立起新的平衡。但是，地上与地下部的平衡关系并不都有利于生产。在土壤深厚、肥水充足时，树体会表现为营养生长过旺，不利于及时结果和丰产。对这些情况，修剪中都应区别对待。如对干旱和瘠薄土壤中的果树，应在加强土壤改良，充分供应氮肥和适量供应磷、钾肥的前提下，适当少疏枝和多短截，以利于枝叶生长；对土壤深厚、肥水条件好的果树，则应在适量供应肥水的前提下，通过缓放、疏花疏果等措施，促使其及时结果和保持稳定的产量。又如衰老树，树上细、弱、短枝多，粗壮旺枝少，地下根系很弱，这也是地上、地下部的一种平衡状态。对这类树更新复壮，应首先增施肥水，改善土壤条件，并及时进行更新修剪。如只顾地上部的更新修剪，没有足够的肥水供应，地上部的光合产物不能增加，地下的根系发育也就得不到改善，反过来又影响了地上部更新复壮的效果，新的平衡就建立不起来。

结果数量也是影响地下部生长的重要因素。在肥水不足时，必须进行控制坐果量修剪，以保持地下、地上部平衡。如坐果太多，则会抑制地下根系发育，树势就会衰弱，并出现大小年现象，甚至有些树体会因结果太多而衰弱致死。

78. 核桃树有哪些修剪方法？各有什么作用？

（1）短截与回缩 短截是剪去枝梢的一部分，回缩是在多年生枝上短截。两种修剪方法都是促进局部生长，促进多分枝。修剪的轻重程度不同，产生的反应不同。为提高其角度，一般可回缩到多年生枝有分枝的部位。短截一年生枝条时，其剪口芽的选留及剪口的正确剪法，应根据该芽发枝的位置而定。

（2）疏枝与缓放 从基部剪除枝条的方法称疏枝，又叫疏除。果树枝条过于稠密时，应进行疏枝，以改善风光条件，促进花芽形成，它与短截有完全不同的效应。

缓放也是修剪的一种手法，即抛放不剪截，任枝上的芽自由萌发，既可缓和生长势，还有利于腋花结果。

枝条缓放成花芽后，即可回缩修剪，这种修剪法常在幼树和旺树上采用。凡有空间需要多发枝时，应采取短截的修剪方法；枝条过于密集，要进行疏除；而长势过旺的枝，宜缓放。只有合理修剪，才能使果树生长、结果两不误，以达到早丰、稳产、优质的要求。

（3）摘心与截梢 摘心是摘去新梢顶端幼嫩的生长点，截梢是剪截较长一段梢的尖端。摘心与截梢，不仅可抑制枝梢生长，节约养分以供开花坐果之需，避免无谓的浪费，提高坐果率，更可在其他果枝上促进花芽形成和开花结果。摘心还可促进根系生长，促进侧芽萌发分枝和二次枝生长。这种方法可加快枝组形成，提高分枝级数，从而提高结果能力。

（4）抹芽和疏梢　用手抹除或用剪刀削去嫩芽，称为抹芽或除芽。疏梢是新梢开始迅速生长时，疏除过密新梢。这两种修剪措施的作用是节约养分，促进所留新梢生长，使其生长充实；除去侧芽、侧枝，改善光照，有利于枝梢充实及花芽分化和果实品质提高。尽早除去无益芽、梢，可减少后期去大枝所造成的大伤口及养分的大量浪费。

（5）拉枝　拉枝是将角度小的主要骨干枝拉开。此法对旺枝有缓势的效应。拉枝适于在春季树液开始流动时进行，将树枝用绳或铁丝等牵引物拉下，靠近枝的部分应垫上橡皮或布料等软物，防止伤及皮部。

79.　早实核桃怎样定干？

（1）定干高度　树干的高度对于冠高、生长与结实、栽培管理、间作等关系极大，应根据核桃树的品种、生长发育特点、栽培目的、栽培条件和栽培方式等而定。早实核桃结果早，树体较小，树干高度可留 0.8～1.2 米。果材兼用核桃，提高干材的利用率，干高可达 3.0 米以上。

（2）定干方法　早实核桃可在定植当年萌芽后确定，并把定干高度以下的侧芽全部抹除。若未达定干高度，翌年再行定干。遇有顶芽坏死时，可选留近顶芽的健壮侧芽，使之向上生长，达到定干高度以上时再定干。

80.　怎样培养早实核桃树形？

树形培养主要是选留主侧枝和处理各级枝条的从属关系。树体结构是树形的基础，由主干和主侧枝构成，因此培养树形主要是配备好各级骨干枝或培养树冠骨架。

（1）疏散分层形的培养　疏散分层形也称主干分层形，是有中央领导干的树形。一般有 6～7 个主枝，分 2～3 层配置。

第一步：定干当年或第二年，在主干定干高度以上选留三个不同方位、水平夹角约 120°且生长健壮的枝或已萌发的壮芽，培养为第一层主枝，层内距离大于 20 厘米。1～2 年完成选定第一层主枝。如果选留的最上一个主干距主干延长枝顶部过近，或第一层主枝的层内距过小，都容易削弱中央领导干的生长，甚至出现"掐脖"现象，影响主干形成。当第一层预选为主枝的枝或芽确定后，只保留中央领导干延长枝的顶枝或芽，其余枝、芽全部剪除或抹掉。

第二步：早实核桃一、二层的层间距 60～80 厘米。在一、二层层间距以上已有壮枝时，可选留第二层主枝，一般为 1～2 个。同时，可在第一层主枝上选留侧枝，第一个侧枝距主枝基部的长度 40～60 厘米。选留主枝两侧向斜上方生长的枝条 1～2 个作为一级侧枝，各主枝间的侧枝方向要互相错落，避免交叉、重叠。

第三步：继续培养第一层主、侧枝，选留第二层主枝上的侧枝。由于第二层与第三层间的层间距要求大一些，可延迟选留第二层主枝。如果只留两层主枝，第二层主枝为 2～3 个，两层的层间距 1.5 米左右，并在第二层主枝上方适当部位落头开心。

第四步：继续培养各层主枝上的各级侧枝。早实核桃幼树 7～8 年生时，开始选留第三层主枝 1～2 个，第二层与第三层的层间距 1.5 米左右，并从最上一个主枝的上方落头开心。至此，主干形树冠骨架基本形成。

（2）开心形的培养　　开心形也称自然开心形，是无中央领导干的树形。一般选留不同方位的主枝 2～4 个。

第一步：在定干高度以上留出 3～4 个芽的整形带。在整形带内，按不同方位选留 2～4 个枝条或已萌发的壮芽作为主枝。各主枝基部的垂直距离无严格要求，一般 30～40 厘米。主枝可 1～2 次选留。选留各主枝的水平距离应一致或相近，并保持每个主枝的长势均衡。

第二步：各主枝选定后，开始选留一级侧枝，由于开心形树形主枝少，侧枝应适当多留，即每个主枝应留侧枝3～4个。各主枝上的侧枝要上下错落，均匀分布。第一侧枝距主干的距离为早实核桃0.5～0.7米。

第三步：早实核桃五年生，开始在第一主枝一级侧枝上选留二级侧枝1～2个；第二主枝的一级侧枝2～3个。第二主枝上的侧枝与第一主枝上的侧枝间距为0.8～1.0米。至此，开心形的树冠骨架基本形成。

81. 早实核桃幼树怎样修剪？

(1) 疏除过密枝 早实核桃分支早，枝量大，容易造成树冠内部枝条密度过大，不利于通风透光，因此对树冠内各类枝条修剪时应去强去弱留中庸枝，疏枝时应紧贴枝条基部剪除，切不可留橛，以利于剪口愈合。

(2) 徒长枝利用 早实核桃结果早，果枝率高，坐果率高，造成养分过度消耗，枝条容易干枯，从而刺激基部隐芽萌发而形成徒长枝。这是早实核桃幼树常见的现象。早实核桃徒长枝的突出特点是第二年就能抽枝结果，果枝率高达100%。这些结果枝的长势由顶部至基部逐渐变弱，中下部的小枝结果后第三年多数干枯死亡，出现光秃带，结果部位向顶部推移，容易造成枝条下垂。为了克服这种弊病，利用徒长枝粗壮、结果早的特点，通过夏季摘心或短截、春季短截等方法，将其培养成结果枝组，以充实树冠空间，更新衰弱的结果枝组。

(3) 处理好背下枝 核桃背下枝春季萌发早，生长旺盛，竞争力强，容易使原枝头变弱而形成"倒拉"现象，甚至造成原枝头枯死。处理方法是萌芽后剪除。如果原母枝变弱或分支角度较小，可利用背下枝或斜上枝代替原枝头。将原枝头剪除或培养成结果枝组。

（4）**主枝和中央领导干处理**　主枝和侧枝延长头，为防止出现光秃带，促进树冠扩大，可每年适当截留 60～80 厘米，剪口芽可留背上芽或侧芽。中央领导干应根据整形的需要每年短截。

82. 早实核桃盛果期树如何修剪？

　　盛果期树的骨架已基本形成和稳定，树冠扩大已近停止，大都接近郁闭，产量逐渐达到高峰，树姿逐渐开张，外围枝量增多，内膛光照不良，部分小枝开始干枯，主枝后部出现光秃带，结果部位外移，生长与结果矛盾突出，容易出现大小年现象，修剪的主要任务是调整营养生长和生殖生长关系，不断改善树冠通风透光条件，不断更新结果枝，保持稳定的长势和产量。

　　（1）**骨干枝的修剪**　此期骨架基本定型，骨干延长枝不再向外延伸，修剪时应注意利用上部枝的芽复壮延长枝，主侧枝上多留枝叶，适当控制结果量，保持骨干枝的生长势。树冠外围枝由于多年延伸和分支，常密集、交叉、重叠，互相影响，内膛光照不良，应当疏除和适时回缩。

　　（2）**结果枝组的更新复壮**　结果枝组因多年结果，容易衰弱，结果外移。大结果枝组内膛光照不良，基部容易枯死；中小结果枝组极易全部衰弱，均需进行更新复壮。按回缩更新修剪方法，剪至生长势较强、枝条向上的部位，同时控制枝组内的旺枝，尤其对大型枝组要防止"树上长树"，影响树体结构和其他枝组的生长。按树冠外、中、内顺序培养小、中、大枝组。

　　（3）**徒长枝的修剪**　随树龄和结果量的增加，外围枝长势变弱，加之修剪等外界刺激，极易造成内膛骨干枝背上潜伏芽萌发，成为徒长枝，消耗营养，影响通风透光。为此，对于徒长枝应采取"有空就留，无空就疏"的原则，充实内膛，增加结果部位。盛果末期，树势开始衰弱，产量下降，枯死枝增加，此时更应注意选留徒长枝作为更新复壮的主要枝条。

（4）清理无用枝条 及时把长度在 6 厘米以下、粗度不足 0.8 厘米的细弱枝条疏除。因为这类枝条坐果率极低。内膛过密、重叠、交叉、病虫枝和干枯枝等也应剪除，以减少不必要的养分消耗和改善树冠内部通风透光条件。

83. 核桃衰老树应该怎样处理？

核桃进入衰老期，外围枝生长势减弱，小枝干枯严重，外围枝条下垂，产生大量"焦梢"，同时萌发出大量徒长枝，出现自然更新现象，产量也显著下降。为了延长结果年限，可对衰老树进行更新复壮。

（1）主干更新（大更新） 将主枝全部锯掉，使其重新发枝，并形成主枝。具体做法有两种：一是对主干过高的植株，可从主干的适当部位将树干全部锯掉，使锯口下的潜伏芽萌发新枝，然后从新枝中选留方向合适、生长健壮的枝条 2～4 个，培养成主枝。二是对主干高度适宜的开心形植株，可在每个主枝的基部锯掉。如系主干形植株，可先从第一层主枝的上部锯掉树冠，再从各主枝的基部锯掉，使主枝基部的潜伏芽萌芽发枝。

（2）主枝更新（中更新） 在主枝的适当部位进行回缩，使其形成新的侧枝。具体修剪方法：选择健壮的主枝，保留 50～100 厘米长，其余的部分锯掉，使其在主枝锯口附近发枝。发枝后，每个主枝上选留方位适宜的 2～3 个健壮枝条，培养成一级侧枝。

（3）侧枝更新（小更新） 将一级侧枝在适当部位进行回缩，使其形成新的二级侧枝。其优点是新树冠形成和产量增加均较快。

具体做法：

① 在计划保留的每个主枝上选择 2～3 个位置适宜的侧枝。

② 在每个侧枝中下部长有强旺分枝的前端进行剪截。

③ 疏除所有的病枝、枯枝、单轴延长枝和下垂枝。

④ 对明显衰弱的侧枝或大型结果枝组进行重回缩，促其发新枝。

⑤ 对枯枝梢要重剪，促其从下部或基部发枝，以代替原枝头。

⑥ 对更新的核桃树，必须加强土、肥、水和病虫害防治等综合技术管理，以防当年发不出新枝，造成更新失败。

84. 早实核桃放任生长树体如何修剪？

目前我国放任生长的核桃树仍占相当大的比例，其表现为大枝过多，层次不清；结果部位外移，内膛空虚；生长衰弱，坐果率低；衰老树自然更新现象严重。

（1）树形改造　放任树的修剪应根据具体情况随树作形。如果中心领导枝明显，可改造成疏散分层形；中心领导枝已很衰弱或无中心领导枝，可改造成自然开心形。

（2）大枝处理　修剪前要对树体进行全面分析，重点疏除影响光照的密集枝、重叠枝、交叉枝、并生枝和病虫危害枝。留下的大枝要分布均匀，互不影响，以利侧枝配备。一般疏散分层形留 5～7 个主枝，特别是第一层要留好 3～4 个；自然开心形可留 3～4 个主枝。为避免因一次疏除大枝过多而影响树势，可对一部分交叉重叠大枝先进行回缩，分年疏除。对于较旺的壮龄树也应分年疏除大枝，以免引起生长势变旺。在去大枝的同时，对外围枝要适当疏间，以疏外养内、疏前促后为原则。树形改造 1～2 年完成，修剪量占整个改造修剪量的 40%～50%。

（3）结果枝组的培养与调整　大枝疏除后，第二年或第三年以调整外围枝和中型枝为主，特别是内膛结果枝组的培养。对已有的结果枝组应去弱留强、去直立留背斜、疏前促后或缩前促后。此期年修剪量占 20%～30%。

（4）稳势修剪阶段　树体结构调整后，还应调整母枝与营养枝的比例（约 3：1），对过多的结果母枝可根据空间和生长势进行去弱留强，充分利用空间。在枝组内调整母株留量的同时，还应有1/3 左右交替结果的枝组量，以稳定整个树体生长与结果平衡。此期年修剪量应掌握在 20%～30%。

以上修剪量应根据立地条件、树龄、树势、枝量灵活掌握，各大中小枝的处理也必须全盘考虑，做到因树修剪，随枝做形。

85. 核桃树什么时期冬剪最适宜?

核桃树如果落叶后修剪，极易由伤口产生伤流。伤流过多造成养分和水分流失，有碍正常生长结果。长期以来我国核桃树修剪是在萌芽展叶以后（春剪）和采收后至落叶前（秋剪）进行。河北农业大学通过对春剪、秋剪和冬剪的效果比较分析，认为冬剪虽有伤流损失，但远不及秋剪减少光合产物及叶片养分尚未回流等的损失。春剪是在新器官刚刚建立之后进行的，高呼吸消耗等损失营养更高。因而从营养损失上看，冬剪损失最少，这是冬剪树势较强和产量较高的根本原因。但就冬剪而言，以避开前一伤流高峰期（11 月中下旬至 12 月上旬）为宜。因此，核桃树修剪的适宜时期为冬季，冬剪最好在核桃3 月下旬芽萌动前完成。

86. 夏季修剪的方法有几种?

夏剪是在核桃树发芽后枝叶生长时期所进行的修剪，其措施有短截、摘心、抹芽、除副梢。

（1）剪除二次枝，避免由于二次枝的旺盛生长而过早郁闭。在二次枝抽生后未木质化之前，将无用的二次枝从基部剪除。剪除对象主要是生长过旺造成树冠出"辫子"的二次枝。

（2）疏除多余的二次枝。凡在一个结果枝上抽生 3 个以上二次枝，可在早期选留 1～2 个健壮枝，其余全部疏除。

（3）在夏季，对于选留的二次枝如果生长过旺，为了促进其木质化，控制其向外延伸，可进行摘心。

（4）对于一个结果枝只抽生一个二次枝，而且长势很强，为了控制其旺长，增加分枝，进而培养成结果枝组，可于春季或夏季对二次枝进行短截，夏季短截分枝效果良好（春季短截发枝粗壮），其短截强度以中、轻度为好。

七、早实核桃花果管理技术

87. 核桃开花有什么特点？

核桃雌雄花期多不一致，称为"雌雄异熟性"。雌花先开的称为"雌先型"，雄花先开的称为"雄先型"，个别雌雄花同开的称为"雌雄同熟"。据观察，核桃雌先型树比雄先型树雌花期早5～8天，雄花期晚5～6天；铁核桃主栽品种多为雄先型，雄花比雌花提早开放15天左右。不同品种间的雌雄花期大多能较好吻合，相互授粉。雌雄异熟是异花授粉植物的有利特性。核桃植株的雌雄异熟是稳定的生物学性状，尽管花期可依当年气候条件变化而有差异，然而异熟顺序性未发现有改变；同一品种的雌雄异熟性在不同生态条件下亦表现比较稳定。

雌雄异熟性决定了核桃栽培中配置授粉树的必要性。雌雄花期先后与坐果率、产量及坚果整齐度等性状的优劣无关，然而在果实成熟期方面存在明显的差异，雌先型品种较雄先型早成熟3～5天。

早实核桃具有二次开花的特性。二次花雌、雄花多呈穗状花序，类型也多种多样，有单性花序，也有雌雄同序，花序轴下部着生数朵雌花，上部为雄花，个别尚有雌雄同花。

88. 早实核桃结果有什么特点？

不同类型和品种的核桃树开始结果年龄不同，早实核桃2～3年，晚实核桃8～10年开始结果。初结果树多先形成雌花，2～3

年后才出现雄花。成年树雄花量多于雌花几倍、几十倍，以至因雄花过多而影响产量。

早实核桃树各种长度的当年生枝只要生长健壮，都能形成混合芽，晚实核桃树生长旺盛的长枝当年都不易形成混合芽，形成混合芽的枝条长度一般在5～30厘米。

成年树以健壮的中、短结果母枝坐果率最高。在同一结果母枝上以顶芽及其以下1～2个腋花芽结果最好。坐果多少与品种特性、营养状况、所处部位的光照条件有关。一般一个果序可结1～2果，也可着生3果或多果。着生于树冠外围的结果枝结果好，光照条件好的内膛结果枝也能结果。健壮的结果枝在结果当年还可形成混合芽，坐果枝中有96.2%于当年继续形成混合芽，弱果枝中能形成混合芽的只占30.2%，说明核桃结果枝具有连续结实能力。核桃喜光与合轴分支的习性有关，随树龄增长，结果部位迅速外移，果实产量集中于树冠表层。早实核桃二次雌花一般也能结果，果实多呈穗状排列。二次果较小，但能成熟并具发芽成苗能力，苗木的生长状况同一次果的苗无差异，且能表现出早实特性，果实体形大小也正常。

89. 哪些情况下核桃需要进行授粉？怎样进行授粉？

核桃是风媒花，花粉粒中等大小，直径43.2～54.6微米，可随风飘翔。据国外（欧美）文献记载，一些核桃品种的花粉飞翔力很强，距树体160米处还能收集到花粉。河北农业大学的观察表明，核桃花粉的飞散量及飞散距离与风速有关，在一定距离内，随风速增大飞散量增加；在一定风速下其花粉飞散量又随距离增加而减少。在无授粉树或距授粉树超过100米时，应辅以人工授粉。人工授粉应保持花粉的活力。在自然状态下核桃花粉的寿命大约2～3天，在室温条件下可保持3～5天。核桃花粉不耐低温和干燥，最适宜的保存温度为3℃，可保存30天以上。相对湿度越大，花粉生活力下降越缓慢，故不宜在干燥条件下贮藏。铁核桃花粉在4℃恒温下贮藏45天，仍有1.5％花粉发芽。

核桃雌花系单胚珠，花粉萌发后只有极少数花粉管到达胚珠，过量的花粉既非必需，又易引起柱头失水，不利于花粉萌发。授粉适期以柱头呈倒八字展开并有黏液分泌时为宜。落到柱头上的花粉一般只有几粒萌发。萌发的花粉管在柱头表面伸长中遇到乳突细胞的胞间隙即穿入其中，并沿细胞的胞间隙下伸，直达子房室顶部，伸入子房腔，沿珠被外表皮下伸到幼嫩隔膜顶端，再穿入隔膜，长至合点区，此时方向改变为向上生长，穿过珠心到达胚囊。研究表明雌蕊中钙的分布状况是诱导花粉管定向生长的原因之一，营养供应和结构上的作用亦很明显。核桃花粉管由柱头到达胚囊的时间在授粉后4天左右。核桃是双受精，即花粉管释放出两个精子，分别趋向卵和中央核，而后完成受精过程。

核桃和铁核桃均具有一定的孤雌生殖能力。常有无授粉条件的孤树，每年也能结果，其坚果也具有成熟的种胚。河北农业大学在1962—1963年用异属植物花粉给核桃雌花授粉，用吲哚乙酸（IAA）、萘乙酸（NAA）、2，4-D处理，以及套袋隔离花粉等，都获得了具有种胚的果实。

90. 核桃雄花是怎样分化的？

雄花芽于5月露出到翌春4月发育成熟，从开始分化到散粉整个发育过程约一年时间。核桃雄花芽与侧生叶芽属同源器官。核桃雄花芽分化划分为以下五个时期：

（1）鳞片分化期 母芽雏梢分化之后，在叶腋间出现侧芽原基，4月上旬侧芽原基在母芽内开始鳞片分化，4月下旬随母芽萌发新梢生长，侧芽原基外围已有4个鳞片形成。雄芽生长点较扁平，鳞片亦较叶芽为少。

（2）苞片分化期 继鳞片分化期之后，在鳞片内侧生长点周围从基部向顶端逐渐分化出多层苞片突起。

(3) 雄花原基分化期 4月下旬到5月初，从雄花芽基部开始向顶端在苞片内侧基部出现突起，即单个雄花原基。

(4) 花被及雄蕊分化期 5月初至中旬，雄花原基顶端变平并凹陷，边缘发生突起，即花被初生突起。

(5) 花被及雄蕊发育完成期 5月中旬至6月初，并排的雄蕊突起发育成并列的柱状雄蕊，最多可观察到6个。一排花被突起发育成一圈向内弯曲包裹着雄蕊，苞片又从雄花基部伸出，伸向花被外围，此时整个雄花芽已突破鳞片，像一个松球。至此雄花芽形态分化完成。

雄花芽分化当年夏季变化甚小，长约0.5厘米，玫瑰色，秋末变为绿色，冬季变浅灰色，翌春花序膨大。花药发育从翌年春季开始，花药原基经过分裂，逐渐形成小孢子母细胞。散粉前三周分化花粉母细胞，前两周形成四分体，其后2～3天形成全部花粉粒。花序伸长初期呈直立或斜向上生长，颜色变为浅绿色，一周后开始变软下垂并伸长，雄花分离，总苞开放。由花序基部向前端各小雄花逐渐开放散粉，2～3天散完，成熟的花药黄色。散粉速度与气温有关，温度高，散粉快。花序散粉后花药变褐，枯萎脱落。

雄花芽的着生特点是：短果枝＞中果枝＞长果枝，内膛结果枝＞外围结果枝。

91. 核桃雌花是怎样分化的?

雌花芽与顶生叶芽为同源器官。雌花芽形态分化期为中短枝停长后4～10周（6月2日至7月14日）。核桃雌花芽形态分化的进程分以下三个时期：

(1) 分化始期 中短枝停长后4～6周（6月2～16日），25%～35%的芽内生长点进入花芽分化。此时果实生长速度减缓，果实外形接近于最大体积。

（2）分化集中期　中短枝停长 6～10 周（6 月 16 日至 7 月 14 日），50％以上的生长点开始花芽分化，此时果实体积基本稳定并进入硬核期，种仁内含物开始增加。

（3）分化缓慢及停滞期　中短枝停长 10 周以后（7 月 14 日以后），花芽数量不再增长。此时种仁内含物迅速积累，果实渐趋成熟。

雌花原基于冬前出现总苞原基和花被原基，翌春芽开放之前两周内迅速完成各器官的分化，分化顺序依次为苞片、花被、心皮和胚珠。核桃雌花芽从生理分化开始 7～15 天进行形态分化，单个混合花芽的生理分化时间短，但全树的生理分化持续时间较长，并与形态分化首尾重叠，在时间上难以截然分开。雌花芽各原基分化时期分以下四个时期：

（1）分化初期（生长点扁平期）　中短枝停长后 4～8 周（6 月 2～30 日）。

（2）总苞原基出现期　中短枝停长后 6～9 周（6 月 16 日至 7 月 7 日）。

（3）花被原基出现期　中短枝停长后 7～10 周（6 月 23 日至 7 月 14 日）。

（4）枝停长 10 周以后　雌花芽分化停顿而进入休眠，直到翌春 3 月下旬继续分化雌蕊原基，各原体进一步发育，4 月下旬开花。

92. 怎样进行人工辅助授粉？

核桃属于异花授粉。虽也存在着自花结实现象，但坐果率较低；雌、雄花期不一致，为风媒花，自然授粉受各种条件限制，致使每年坐果情况差别很大。幼树开始结果的第 2～3 年只形成雌花，没有或很少有雄花，因而影响授粉和结果。为了提高坐果率，增加产量，可进行人工辅助授粉。授粉应在核桃盛花初期到盛花期进行。

(1) 花粉的采集 从健壮树上采集发育成熟、基部小花开始散粉的雄花序，放在通风干燥的室内摊开晾干，保持 16～20 ℃，待大部分雄花药开始散时，筛出花粉，装瓶待用。装瓶贮花粉必须注意通气和低温（2～5 ℃）保存，否则温度过高、密闭，易发霉，授粉效果降低。为了适应大面积授粉，可用淀粉将花粉加以稀释，同样可达到良好效果。经试验，用 1∶10 淀粉或滑石粉稀释花粉，授粉效果较好。

(2) 授粉适期 根据雌花开放特点，授粉最佳时期为柱头呈倒八字形张开、分泌黏液最多时（一般 2～3 天）。待柱头反转或变色分泌物很少时，授粉效果显著降低。因此，掌握准确授粉时间很重要。因一株树上雌花期早晚相差 7～15 天。为提高坐果率，应进行两次授粉。

(3) 授粉方法 可用双层纱布袋，内装 1∶10 稀释花粉或刚散粉的雄花序，在上风头进行人工抖动。也可配成花粉水悬液（花粉∶水＝1∶5 000）进行喷授，有条件的地方可在水中加入 2％蔗糖和 0.02％硼酸。还可结合叶面喷肥进行授粉。

93. 核桃果实有几个发育时期？各有什么特点？

核桃雌花受粉后第 15 天合子开始分裂，经多次分裂形成鱼雷形胚后即迅速分化出胚轴、胚根、子叶和胚芽。胚乳的发育先于合子分裂，但随着胚的发育，胚乳细胞均被吸收，故核桃成熟种子无胚乳。核桃从受精到坚果成熟需 130 天左右。据罗秀钧等（1988）的观察，依果实体积、重量增长及脂肪形成，将核桃果实发育过程分为以下四个时期：

(1) 果实速长期 5 月初至 6 月初 30～35 天，为果实迅速生长期。此期果实的体积和重量均迅速增加，体积达到成熟时的 90％以上，重量达 70％左右。5 月 7～17 日纵、横径平均日增长可达 1.3 毫米；5 月 12～22 日重量平均日增长 2.2 克。随着果实体积迅速增长，胚囊不断扩大，核壳逐渐形成，但白色质嫩。

（2）硬核期　6 月初至 7 月初约 35 天，核壳自顶端向基部逐渐硬化，种核内隔膜和褶壁弹性及硬度逐渐增加，壳面呈现刻纹，硬度加大，核仁逐渐呈白色，脆嫩。果实大小基本定型，营养物质迅速积累，6 月 11 日至 7 月 1 日 20 天内出仁率由 13.7％增加到 24.0％，脂肪含量由 6.91％增加到 29.24％。

（3）油脂迅速转化期　7 月上旬至 8 月下旬 50～55 天，果实大小定型后，重量仍有增加，核仁不断充实饱满，出仁率由 24.1％增加到 46.8％，核仁含水率由 6.20％下降到 2.95％，脂肪含量由 29.24％增加到 63.09％，核仁风味由甜变香。

（4）果实成熟期　8 月下旬至 9 月上旬，果实重量略有增长，总苞（青皮）颜色由绿变黄，表面光亮无茸毛，部分总苞出现裂口，坚果容易剥出，表示已达充分成熟。

采收早晚对坚果品质有很大影响，过早采收严重降低坚果产量和种仁品质。

核桃落花落果比较严重，一般可达 50％～60％，严重者达 80％～90％。落花多在末花期，花后 10～15 天幼果长到 1 厘米左右时开始落果，果径 2 厘米左右时达到高峰，到硬核期基本停止。侧生果枝落果通常多于顶生果枝。

94.　为什么要疏除部分雄花和幼果？如何操作？

核桃雄花数量大，远远超出授粉需要，可疏除一部分雄花。雄花芽发育需要消耗大量水分、糖类、氨基酸等，尤其核桃花期正值我国北方干旱季节，水分往往成为生殖活动的限制因子，而雄花芽又位于雌花芽的下部，处于争夺水分和养分的有利位置，大量雄花芽的发育势必影响结果枝的雌花发育。提早疏除过量雄花芽可节省树体大量水分和养分，有利于当年雌花发育，提高当年坚果产量和品质，同时也有利于新梢生长和花芽分化。

(1) 疏雄时期 原则上以早疏为宜，一般以雄花芽未萌动前20天内进行为宜，雄花芽开始膨大时为疏雄最佳时期，因为休眠期雄花芽比较牢固，操作麻烦，雄花序伸长时已经消耗营养，对树是不利的。

(2) 疏雄数量 雌花序与雄花序之比为 1：5±1，每个雄花序有雄花 117±4 个。雌花序与雄花（小花）数之比为 1：600。若疏去 90%～95% 的雄花序，雌花序与雄花之比仍可达 1：30～60，完全可以满足授粉的需要。但雄花芽很少的植株和刚结果的幼树，可不疏雄。

早实核桃以侧花芽结果为主，雌花量较大，到盛果期后，为保证树体营养生长与生殖生长相对平衡，保持优质高产稳产，必须疏除过多的幼果，否则会因结果太多造成果个变小、品质变差，严重时导致树势衰弱，枝条大量干枯死亡。

(3) 疏果时间 疏果时间在生理落果后，一般在雌花受精后20～30 天，即子房发育到 1～1.5 厘米时进行。疏果量应依树势状况和栽培条件而定，一般以 1 米^2 树冠投影面积保留 60～100 个果实为宜。

(4) 疏果方法 先疏除弱枝或细弱枝上的幼果，也可连同弱枝一同剪掉；每个花序有 3 个以上幼果，视结果枝强弱可保留 2～3 个，坐果部位在冠内要分布均匀，郁闭内膛可多疏。疏果仅限于坐果率高的早实核桃品种。

八、早实核桃采收与采后处理

95. 核桃果实成熟有什么特征？

核桃果实成熟期因品种和气候条件不同而不同。早熟品种（类型）与晚熟品种（类型）成熟期可相差 10~25 天。北方产区所栽培的品种成熟期多在 9 月上旬至中旬，早熟品种（类型）最早在 8 月上旬即已成熟。同一品种在不同地区的成熟期并不相同。在同一地区内，平原较山区成熟早，阳坡较阴坡成熟早，干旱年份较多雨年份成熟早。

核桃需要达到完全成熟方可采收。采收过早青果皮不易剥离，种仁不饱满，出仁率与含油率低，风味不佳，且不耐贮藏；过迟则造成落果，果实落在地上未及时拣拾，容易引起霉烂。因此，适时采收非常重要。一般情况下，核桃果实成熟时总苞（果皮）颜色由深绿色或绿色渐变为黄绿或淡黄色，茸毛稀少，部分果实顶部出现裂缝，青果皮容易剥离，种仁肥厚，幼胚成熟，风味香。以核桃果实形态特征作为果实成熟的标志具有可靠性。

96. 如何确定核桃的最佳成熟期？

（1）**果实成熟期内含物的变化** 核桃从雌花受粉、子房膨大到果实成熟约需 130 天，最初 30~35 天果实体积迅速增大，果实体积达到总体积的 90% 以上。经过 110 天左右即进入果实成熟前期，熟前果实大小无大的变化，但其重量仍在继续增加，直到成熟。张宏潮等（1980）通过不同采收期对核桃产量和品质的影响研究认为，果实成熟前，随着采收时间推迟，出仁率和脂肪含量均呈递增变化。从 8 月中旬至 9 月中旬一个月内，出仁率平均每天增加 1.8%，脂肪增加 0.97%；成熟前 15 天内，出仁率平均每天增加 1.45%，脂肪增加 1.05%；成熟前 5 天内，出仁率平均每天增加 1.14%，脂肪增加 1.63%。出仁率在前期比后期增加快，脂肪则相反。8 月中下旬出仁率增加最快，8 月 15 日至 8 月 25 日 10 天内，平均每天增加 2.13%。当前我国核桃早采的现象相当普遍，且日趋严重。有的地方 8 月初就采收核桃，从而成为影响核桃产量和降低果实品质的重要原因之一，应该引起足够的重视。

（2）核桃果实成熟的形状特征对坚果品质的影响　坚果树种与核果类和仁果类树种不同，由两个组成部分：可食用的核仁与青果皮，只有青果皮成熟后才易采收，而这两部分一般不同时成熟。如果只通过青果皮成熟的形状特征来判断采收期，就常出现核仁已成熟，处于浅色阶段，经济价值最高，但青果皮尚未成熟不宜采收，待青果皮成熟后核仁已处过熟阶段。据测定，当内隔膜刚变棕色时，为核仁成熟期，这时采收核仁质量最好。一般认为必须 80% 的坚果果柄处已经形成离层，且其中 95% 的青果皮已与核壳分离。

（3）采收早晚对坚果品质的影响　核桃果实必须达到完全成熟才可采收。过早采收，青果皮不易剥离，种仁不饱满，出仁率与含油率低，风味不佳，且不耐贮藏；过晚则造成落果，果实落在地上不及时捡拾，核仁颜色变深，也容易引起霉烂。因此，适时采收是生产优质核桃，获得高效益的重要措施。

97. 核桃有几种采收方法？

目前，我国采收核桃的方法是人工采收。人工采收法是在核桃成熟时用带弹性的长木杆或竹竿敲击果实。敲打时应该自上而下，从内向外顺枝进行。如由外向内敲打，容易损失枝芽，影响来年产量。也可在采收前半月喷 1～2 次浓度为 0.05％的乙烯利，可有效促使青果皮成熟，大大节省采果及脱青皮的劳动力，也提高坚果品质。

喷洒乙烯利采收，必须使药液遍布全树冠，接触到所有的果实，才能取得良好的效果。使用乙烯利会引起轻度叶子变黄或少量落叶，仍属正常反应。但树势衰弱的树会发生大量落叶，故不宜采用。随采收、随脱青皮和干燥，是至关紧要的措施。振落的坚果留在园地会很快变质（核仁颜色），尤以采收后 9 小时内变质最快。核桃在阳光下气温超过 37.8 ℃时，核仁颜色变深。在炎日下采收时，更须加快捡拾、脱青皮、干燥。雨季不能及时干燥时，将坚果留在树上。尽管树上的坚果也直接暴晒在阳光下，但仍比地面温度，达到损害核仁的临界高温的概率比地面低。此外，留在地面的核桃易发霉变质，时间过长还会影响果壳颜色，以至影响带壳销售的经济价值。

98. 核桃果实采收后怎样脱青皮和清洗？

人工打落采收的核桃，70％以上的坚果带青果皮，故一旦开始采收，必须随采收随脱皮和干燥，这是保证坚果品质优良的重要措施。带有青皮的核桃，由于青皮具有绝热和防止水分散失的功能，使坚果热量积累，当气温在 37 ℃以上时，核仁很易达到 40 ℃以上而受高温危害，在炎日下采收时，更须加快拣拾。

（1）堆沤脱皮法　收回的青果应随即在阴凉处脱去青皮，青皮未离皮时，可在阴凉处堆放，切忌在阳光下暴晒，然后按 50 厘米左右厚度堆放。若在果堆上加一层 10 厘米厚的干草或干树叶，可提高堆内温度，促进果实后熟，加快脱皮速度。一般堆沤 7 天左右，当青果皮离壳或开裂达到 50％以上时，可用棍敲击脱皮。切勿使青皮变黑甚至腐烂。

（2）乙烯利脱皮法　果实采收后，在浓度 0.3％～0.5％乙烯利溶液中浸蘸约 30 秒，再按 50 厘米左右厚度堆放在阴凉处或室内，在温度 30 ℃、相对湿度 80％～90％条件下，经 5 天左右，离皮率达 95％以上。若果上加盖一层厚 10 厘米左右的干草，2 天左右即可离皮。此法不仅时间短、工效高，而且还能显著提高果品质量。在应用乙烯利催熟过程中忌用塑料薄膜等不透气的材料覆盖，也不能装入密闭的容器中。

（3）坚果漂洗　坚果脱去青皮后，随即洗去表面残留的烂皮、泥土及其他污染物，带壳销售时，可用漂白粉液漂白。常用的漂白方法：1 千克漂白粉溶解在约 3 千克温水内，充分溶解后滤去沉渣，得饱和液，饱和液可以 1∶10 的比例用清水稀释后用作漂白液。将刚脱青皮的核桃先用水清洗一遍后，倒入漂白液内，随时搅动，浸泡 8～10 分钟，待壳显黄白色时，捞出用清水洗净漂白液，再进行干燥，漂白容器以瓷制品为好，不可用铁木制品。

99. 清洗后如何进行干燥处理？

（1）晒干法　北方地区秋季天气晴朗、凉爽，多采用此法。漂洗后的干净坚果不能立即放在日光下曝晒，应先摊放在竹箔或高粱箔上晾半天左右，待大部分水分蒸发后再摊晒。湿核桃在日光下曝晒会使核壳翘裂，影响坚果品质。晾晒时，坚果厚度以不超过两层果为宜。晾晒过程中要经常翻动，以达到干燥均匀、色泽一致，一般经过 10 天左右即可晾干。

（2）烘干法　在多雨潮湿地区可在干燥室内将核桃摊在架子上，然后在屋内用火炉子烘干。干燥室要通风，炉火不宜过旺，室内温度不宜超过 40 ℃。

（3）热风干燥法　用鼓风机将干热风吹入干燥箱内，使箱内堆放的核桃很快干燥。保持温度 40 ℃。温度过高会使核仁内脂肪变质，当时不易发现，贮藏几周后即腐败。

美国热风干燥有 3 种型式，即敞开箱式、环流箱式和旋转滚筒式。20 世纪 30 年代后期，棕色的多层式干燥机较为流行。目前普遍采用固定箱式、吊箱或拖车式。固定箱式由若干个相隔的箱子组成。坚果从上方灌入，总容量约 25 吨，每个箱内放 1～5 吨坚果。箱子底板呈 35°角倾斜，坚果放入时可沿箱底滑入。箱深 1.83～2.44 米。加热至 43.3 ℃的热风，以 21.3～36.6 米/分钟速率吹过核桃堆。箱子底部有一活门，干燥的核桃由活门落到传送带上，送入运输车或货箱内。吊箱式干燥设备包括若干个吊箱，高 1.5～1.8 米，底板有筛孔。吊箱架在地下通风室的上方。热风的温度 43.3 ℃，速率与固定箱式相同。干燥后的核桃倒入货箱或卡车内运走。拖车式干燥房的热风温度、风速也与上述一致，但坚果装载在有四个轮子的拖车内，拖车深 1.5～1.8 米，可装核桃 5～10 吨，车底有筛板覆盖的通风装置，直接穿入坚果堆。干燥后的坚果直接在拖车内被运至加工厂。

（4）坚果干燥的指标　坚果相互碰撞时，声音脆响，砸开检查时，横隔膜极易折断，核仁酥脆。在常温下，相对湿度 60％的坚果平均含水量 8％，核仁约 4％，便达到干燥标准。

100. 坚果贮藏要求怎样的条件?

核仁含油脂量高达 63％～74％，其中 90％以上为不饱和脂肪酸，70％左右为亚油酸及亚麻酸，这些不饱和脂肪酸极易氧化酸败，俗称"变蛤"。核桃及核仁种皮的理化性质对抗氧化有重要作用：一是隔离空气，二是内含类抗氧化剂化合物。但核壳及核仁种皮的保护作用有限，而且在抗氧化过程中种皮的单宁物质因氧化而变深，影响外观，但不影响核仁的风味。低温及低氧环境是贮藏核桃的重要条件。

101. 常用的坚果贮藏方法有哪几种?

坚果贮藏方法因贮藏量与贮藏时间而异。若贮藏数量不大,而时间要求较长,可采用聚乙烯袋包装,在冰箱内 $0\sim5\,℃$ 条件下贮藏2年以上品质仍然良好。如果贮藏时间不超过次年夏季,则可用尼龙网袋或布袋装好,在室内挂藏。数量较大,用麻袋或堆放在干燥的地上贮藏。数量较多贮藏时间较长,最好用麻袋包装,放于冷库中进行低温贮藏。

北方冬季气温低,空气干燥,秋季入袋的核桃不需立即密封,待翌年2月下旬气温逐渐回升时再进行密封。密封应选择低温、干燥天气进行,使袋内空气湿度不高于 $50\%\sim60\%$,以防密封后腐变。采用塑料袋密封、黑暗贮藏,可有效降低种皮氧化反应,抑制酸败,在室温 $25\,℃$ 以下可贮藏一年。

尽可能带壳贮藏核桃,如要贮藏核仁,核仁因破碎而使种皮不能将仁包严,极易氧化,故应用塑料袋密封,再在 $1\,℃$ 左右的冷库内贮藏,保藏期可达2年。低温与黑暗环境可有效抑制核仁酸败。

贮藏核桃常发生鼠害和虫害,一般可用溴甲烷（40克/米³）熏蒸库房 $3.5\sim10$ 小时,或用二硫化碳（40.5克/米³）密闭封存 $18\sim24$ 小时,效果显著。

102. 核桃坚果质量分级标准包括哪些内容?

核桃坚果分级是以坚果大小、出仁率、取仁难易度、空壳率、种仁饱满度、脂肪含量、蛋白质含量等进行的（表5）。具体要求如下:

表 5 核桃坚果质量分级指标（GB/T20398—2006）

	项目	特级	Ⅰ级	Ⅱ级	Ⅲ级
	基本要求	坚果充分成熟，壳面洁净，缝合线紧密，无露仁、虫蛀、出油、霉变、异味等果，无杂质，未经有害化学漂泊处理			
感官指标	果形	大小均匀，形状一致	基本一致	基本一致	
	外壳	自然黄白色	自然黄白色	自然黄白色	自然黄白色或黄褐色
	种仁	饱满，色黄白，涩味淡	饱满，色黄白，涩味淡	饱满，色黄白，涩味淡	较饱满，色黄白或浅琥珀色，稍涩
物理指标	横径（毫米）	≥30.0	≥30.0	≥28.0	≥26.0
	平均果重（克）	≥12.0	≥12.0	≥10.0	≥8.0
	取仁难易度	易取整仁	易取整仁	易取半仁	易取1/4仁
	出仁率（%）	≥53.0	≥48.0	≥43.0	≥38.0
	空壳果率（%）	≤1.0	≤2.0	≤2.0	≤3.0
	破损果率（%）	≤0.1	≤0.1	≤0.2	≤0.3
	黑斑果率（%）	0	≤0.1	≤0.2	≤0.3
	含水率（%）	≤8.0	≤8.0	≤8.0	≤8.0
化学指标	脂肪含量（%）	≥65.0	≥65.0	≥60.0	≥60.0
	蛋白质含量（%）	≥14.0	≥14.0	≥12.0	≥10.0

（1）基本要求 坚果充分成熟，壳面洁净，缝合线紧密，无露仁、虫蛀、出油、霉变、异味等果，无杂质，未经有害化学漂泊处理。

（2）感官指标 坚果大小、形状基本一致，外壳颜色自然正常，种仁饱满、色浅、味香稍涩。特级坚果要求果形大小均匀，形状一致；外壳自然黄白色；种仁饱满，色黄白，涩味淡。

（3）物理指标 横径大于26.0毫米，平均单果重大于8.0克，出仁率大于 38.0%，空壳率小于 3.0%，破损率小于 3.0%，黑斑果率小于 3.0%，含水率小于 8.0%。

（4）化学指标　脂肪含量大于 60.0%，蛋白质含量大于 10.0%。

103. 坚果包装方法有哪些?

核桃坚果一般应用麻袋包装，麻袋要求结实、干燥、完整、整洁卫生、无毒、无污染、无异味。壳厚小于 1 毫米的核桃坚果可用纸箱包装。麻袋包装袋上应系挂卡片，纸箱上要贴标签，均应标明品名、品种、等级、净重、产地、生产单位名称和通信地址、批次、采收年份、封装人员代号等。出口商品可根据客商要求，每袋装 45 千克，包口用针线缝严，并在袋左上角标注批号。目前核桃坚果包装档次也在不断升级，主要有小数量的礼品盒、装网、袋装、塑筐装等。

九、核桃病虫害防治技术

104. 植物检疫有什么意义？

　　植物检疫工作是国家保护农业生产的重要措施，是由国家颁布条例和法令，对植物及其产品，特别是苗木、接穗、插条、种子等繁殖材料进行管理和控制，防止危害性病、虫、杂草传播蔓延。主要任务有以下三个方面：一是禁止危险性病虫杂草随着植物或其产品由国外输入和国内输入；二是将在国内局部地区已发生的危险性病虫杂草封锁在一定的范围内，不让它传播到尚未发生的地区，并且采取各种措施逐步将其消灭；三是当危险性病虫杂草传入新区时，采取紧急措施，就地彻底肃清。

　　由于受地理条件的限制，如高山、海洋等，植物的病虫杂草传播距离有限，主要是人为传播，就不受以上条件的限制。特别是由于近代交通事业的发展，种苗和农产品交流频繁，更增加了危害性病虫杂草的传播机会，给农林生产造成严重威胁。许多危险性病害一旦传入新的地区，如果遇到适宜其发生和流行的气候和其他条件，往往招致较原产地更大的危害。这是由于新疫区的植物往往对新传入的病害没有抗力所致。因此，通过植物检疫，防止危险性病虫杂草远距离传播，对于保护农林生产很重要。植物检疫是必须履行的国际义务，对保障农产品的出口和对外贸易的信誉，具有重要的政治和经济意义。

105. 植物检疫有哪些重要措施？

（1）禁止进境 针对危险性极大的有害生物，严格禁止可传带该有害生物的活植物、种子、无性繁殖材料和植物产品进境。土壤可传带多种危险性病原物，也被禁止进境。

（2）限制进境 提出允许进境的条件，要求出具检疫证书，说明进境植物和植物产品不带有规定的有害生物，其生产、检疫检验和除害处理状况符合进境条件。此外，还常限制进境时间、地点、进境植物种类及数量等。

（3）调运检疫 对于在国家间和国内不同地区间调运的应行检疫的植物、植物产品、包装材料和运载工具等，在指定的地点和场所（包括码头、车站、机场、公路、市场、仓库等）由检疫人员进行检疫检验和处理。凡检疫合格的签发检疫证书，准予调运，不合格的必须进行除害处理或退货。

（4）产地检疫 种子、无性繁殖材料在其原产地，农产品在其产地或加工地实施检疫和处理。这是国际和国内检疫中最重要和最有效的一项措施。

（5）国外引种检疫 引进种子、苗木或其他繁殖材料，事先需经审批同意，检疫机构提出具体检疫要求，限制引进数量，引进后除施行常规检疫外，还必须在特定的隔离苗圃中试种。

（6）旅客携带物、邮寄和托运物检疫 国际旅客进境时携带的植物和植物产品须按规定进行检疫。国际和国内通过邮政、民航、铁路和交通运输部门邮寄、托运的种子、苗木等植物繁殖材料以及应施检疫的植物和植物产品等，须按规定进行检疫。

（7）紧急防治 对新侵入和定核的病原物与其他有害生物，必须利用一切有效的防治手段尽快扑灭。我国国内植物检疫规定已发生检疫对象的局部地区，可由行政部门按法定程序创为疫区，采取封锁、扑灭措施。还可将未发生检疫对象的地区依法划定为保护区，采取严格保护措施，防止检疫对象传入。

106. 怎样进行病虫害农业防治？

农业防治是在核桃栽培过程中有目的创造有利于核桃生长发育的环境条件，使核桃生长健壮，提高核桃抗病能力；同时，创造不利于病原物活动、繁殖和侵染的环境条件，减轻病害发生程度。农业防治是最经济最基本的病害防治方法。

（1）**培养无病苗木**　有些果树病害是随着苗木、接穗、插条、根蘖、种子等繁殖材料扩大传播的，对于这类病害，必须把培养无病苗木作为一项十分重要的措施。因此，使用无病苗木和接穗显得十分重要，尤其是新建果园，必须严格禁止采用带毒接穗，同时加强果树病毒病防治技术的研究，为繁殖材料带毒情况的鉴定提供简便易行的方法。

（2）**做好果园卫生**　果园卫生包括清除病株残余，深耕除草、砍除转主寄主等措施。其主要目的在于及时消灭和减少初侵染及再侵染的病菌来源。对多年生核桃来说，果园病原物逐年积累，对病害的发生和流行起着更重要的作用，搞好果园卫生有很明显的防治效果。

（3）**合理修剪**　修剪是核桃管理工作中的重要措施，也是病害防治的主要措施之一。合理修剪可以调整树体营养分配，促进树体生长发育，调节结果量，改善通风透光条件，增强树体抗病能力，起到防治病害的作用。此外，结合修剪还可以去掉病枝、病梢、病蔓、病芽和僵果等，减少病源数量。但是，修剪造成的伤口是许多病菌的侵入门户，修剪不当也会造成树势衰弱，有可能加重某些病害的发病程度。因此，在修剪过程中应结合防治病害采用适当的修剪方法，同时对修剪伤口进行适当的保护和处理。

（4）**合理施肥和排灌**　加强水肥管理，可保证核桃营养，提高抗病能力，起到壮树防病的作用。对于缺素的树体，有针对性地增加肥料和微量元素，可抑制病害发展，促使树体恢复正常。果园的水分状况和排灌制度影响病害的发生和发展。南方果区的一些病害如根腐病等，在果园积水的条件下发病严重，改漫灌为沟灌并适当控制灌水，及时排除积水，翻耕根围土壤，可大大减轻其危害。病菌可以随水传播，灌水时应注意水流方向。在北方果区，核桃进入休眠前若灌水过多，则枝条柔嫩，树体充水，严冬易受冻害，加重枝干病害的发生。适当增施磷、钾肥和微量元素，具有提高核桃抗病能力的效果。多施有机肥料，可改善土壤，促进根系发育，提高植株的抗病性。

（5）适期采收并合理贮运脱皮　果实收获和贮运脱皮是一项十分重要的工作，也是病害防治中必须重视的环节。果实采收不仅和坚果的产量及品质有关，而且采收是否适时，采收过程中和贮运脱青皮过程中造成的伤口多寡，以及贮运脱皮期间温度湿度条件等，都直接影响贮运脱皮期间病害的发生和危害程度。

（6）选育并利用抗病品种　选育和利用抗病品种是防治核桃病害的重要途径之一。不同的树种和品种对病害的抗病性往往不同，通过各种育种手段培育新的抗病品种，也是防治病害的重要方法。

107. 怎样进行病虫害生物防治？

生物防治是利用生物或生物制剂防治害虫，如利用鸟防治森林害虫，利用赤眼蜂防治棉铃虫。采用生物防治要比物理防治和化学防治更优越。因为防治效果好，且不污染环境，因此具有广阔的应用前景。在生物防治中有可能加以利用的有拮抗作用和交叉保护作用。

（1）拮抗作用及其利用　一种生物的存在和发展限制了另一种生物的存在和发展的现象，称为拮抗作用。这种作用在微生物之间广泛存在，在高等生物间、高等生物和微生物间也广泛存在。拮抗作用的机制比较复杂，主要有抗生作用、寄生作用和竞争作用等。

一种生物的代谢产物能够杀死或抑制其他生物的现象称为抗生现象。具有抗生作用的微生物称为抗生菌，这些抗生菌主要来源于放线菌、真菌和细菌。对植物病原物有寄生作用的微生物很多，如噬菌体对细菌的寄生，病毒、细菌对真菌的寄生等，寄生作用在生物防治中的应用正日益广泛。在枝、干、根、叶、果、花的表面及周围的微生物区系中，除直接作用于病原物并具有抗生作用或寄生作用的微生物之外，还有一些同病原物进行阵地竞争或营养竞争的微生物，这些微生物的大量繁殖，往往可以防止或减轻病害的发生。利用这些微生物的方法很多，主要有两类：

① 直接使用：把人工培养的拮抗微生物直接施入土壤或喷洒在织物表面，可以改变根围、叶围或其他部位的微生物组成，建立拮抗微生物的优势，从而达到控制病原物的目的。

② 促进繁殖：在植物的各个部位几乎都有拮抗微生物的存在，创造一些对其有利的环境条件，可以促使其大量繁殖，形成优势种群，达到防治病害的目的。例如多施有机肥，可促进鳄梨根腐病菌的多种抗生菌增殖，大大减轻该病的危害。在土壤中施入二氧化硫、甲基溴化物等化学物质可刺激木霉增殖，杀死或抑制根朽病菌。此外，把拮抗微生物与其适宜的基物混合在一起施入土壤中，可以帮助拮抗微生物建立优势，起到防治病害的作用。

（2）交叉保护现象及其利用　在寄主植物上接种低致病力的病原物或无致病力的微生物后，诱导寄主增强其抗病力，甚至可保护寄主不受侵染，这种现象称为交叉保护。例如防治番茄花叶病，在番茄播种 20～30 天，或有 3～4 片真叶时，接种无致病力的弱病毒株系，有良好的防治效果。

生物防治是病害防治中的一个新领域，有广阔的发展前景。除上述使用途径外，新近的研究还发现了一些新的途径，如某些生防因子与某些化学药剂混合使用可发生协同作用。如果把生物防治和化学防治相结合，对病害进行综合防治，可大大提高防治效果。

108. 化学防治的原理是什么？

对病原生物有直接或间接毒害作用的化学物质统称杀菌剂。使用杀菌剂杀死或抑制病原生物，对未发病的果树进行保护或对已发病果树进行治疗，防止或减轻病害造成损失的方法，称为化学防治。在核桃树病害的化学防治中，药剂种类繁多，其作用机制也较复杂，但其防治原理基本分为以下四种：

（1）保护作用 在病原物侵入寄主以前，使用化学药剂保护果树或周围环境，杀死或阻止病原生物侵入，从而起到防治病害的作用，称为化学保护作用。施在植物表面，保护其不受侵染的药剂叫做保护剂。保护剂不能进入植物体内，对已经侵入的病原物无效。为此，保护剂应在病原物侵入之前使用，撒布时做到均匀、周到。在核桃树休眠期，使用药剂杀死或抑制在果树上及周围环境中潜藏的病原物，消除侵染来源，也是一种保护作用，为此而使用的药剂称为铲除剂。铲除剂杀菌力强，但易造成药害，因此要在休眠期使用，或施在果树周围环境中，不能与果树直接接触。

（2）治疗作用 当病原物已经侵入植物或植物已经发病时，使用化学药剂处理植物，使体内的病原物被杀死或受到抑制，或改变病原物的致病过程，或增强寄主的抗病能力，称为化学治疗作用。用作化学治疗的药剂一般具有内吸性，而且可在植物体内传导，称为内吸治疗剂。

（3）免疫作用 植物化学免疫是将化学药剂引入健康植物体内，以增强植株对病原物的抵抗力，从而起到限制或消除病原物侵染的作用。如用乙硫氨酸或较高浓度的植物生长素处理植物，能促使细胞壁的组分与钙桥牢固交联，使细胞壁的中胶层不易分解，从而减轻各种腐烂病的症状。

（4）钝化作用 某些化学物质如金属盐、氨基酸、维生素、植物生长素、抗菌剂等进入植物体内后，能影响病毒的生理活性，起到钝化病毒的作用。病毒被钝化后，侵染力和繁殖力降低，危害性也减轻。有时钝化作用也可通过药剂影响寄主植物细胞的生理活动，从而达到防治效果。

109. 化学防治病虫害有哪些方法？

在核桃病害化学防治中最常使用的方法是喷雾，其次是种苗处理和土壤处理，在缺水的山区可以喷粉。

(1) 喷雾 可湿性粉剂、乳剂、水溶剂等农药都可加水稀释到一定浓度，用喷雾器械喷洒。加水稀释时要求药剂均匀分散在水内。喷雾时要求均匀周到，使植物表面充分湿润。雾滴直径应在200 微米左右，雾滴过大不但附着力差，容易流失，而且分布不均，覆盖面积小。喷雾的优点是施药量比喷粉少，药效持久，防治效果较好，但工作效率比喷粉低，并且需要一定的水源，在干旱缺水的地区应用较困难。

(2) 喷粉 喷粉是粉剂农药的使用方法，一般用喷粉器喷撒。要求均匀周到，以手指按摸叶片，能在手指上粘着些微药粉为宜。喷粉法效率较高，不需要水源，但用药量大，药效较差，现在已很少使用。

(3) 种苗处理 用药剂处理种子、果实、苗木、接穗、插条及其他繁殖材料，统称种苗药剂处理。许多果树病害可以通过带病的繁殖材料传播，因此繁殖材料使用前用药剂进行集中处理，是防治这类病害经济有效的方法。防治对象的特点不同，用药的浓度、种类、处理时间和方法也不同。例如，表面带菌的可用表面杀菌剂；病毒潜藏在表皮下或芽鳞内的，要用渗透性较强的铲除剂；潜藏更深的要用内吸性杀菌剂。在核桃病害的防治上，进行种苗处理的方法主要是药剂浸泡。把热力处理与化学处理相结合的方法，统称热化学法，可以提高药剂的渗透力，减少用药量和处理时间，一般用于果实贮藏病害及种苗病害的防治。

（4）土壤处理 药剂处理土壤的作用主要是杀死或抑制土壤中的病原物，使其不能侵染危害。在核桃生产上，土壤处理一般用于土壤传播的病害，例如核桃苗木立枯病、白绢病等。土壤施药的方法，有表面撒施、药液浇灌、使用毒土、土壤注射等。表面撒施主要用于杀灭在土壤表面或浅层存活的病原物；后三种主要作用于土壤中长期存活的病原物。在较大面积上施用药剂成本较高，难以推广，因此土壤药剂处理目前主要应用于苗床、树穴、根际土壤。

药剂处理土壤可引起土壤物理化学性质和土壤微生物群落的变化。在进行突然药剂处理前，要详细分析，权衡轻重，不要贸然进行，以免带来不良后果。

除上述方法外，杀菌剂防治还有其他一些方法。例如用药液浸洗果实，用浸过药的纸张包裹果实，用浸过药的物品作为果品运输过程中的填充物，用药剂保护伤口，涂刷枝干防治某些枝干病害，果树涂白，防止冻害，等等。此外，用注射法和包扎法施药，是防治系统侵染病害的重要施药方法。

110. 怎样合理安全使用农药？

合理使用农药是搞好病害防治的关键措施之一，有效、经济、安全是病害防治的基本要求，也是合理使用杀菌剂的准则。

（1）药剂防治与其他防治措施密切配合 在核桃病害的防治中，化学防治是重要的，但不是唯一的；它是有效的，但不是万能的。只有把化学防治纳入到综合防治的体系中，注意化学防治与其他防治措施密切配合，才能更好地发挥化学防治的效果。许多果园认真清扫落叶，减少初侵染来源；搞好土肥水管理，促进树势健壮；合理修剪，改善树体通风透光条件，降低小气候湿度。在这一系列措施基础上，科学用药，抓住关键时期，喷施有效药剂，虽然用药次数减少，但防治效果却大大增加，而且防治成本也相应降低。

（2）提高使用杀菌剂的技术水平 化学防治技术直接影响防治

效果，必须注意：一要根据防治对象选择对其最有效的药剂；二要根据药剂的性能和病害发生发展的规律掌握适宜的用药时期和次数；三要根据植物和病原对药剂的反应选择适宜的用药浓度；四要把好喷药技术这一关，提高用药质量。

（3）注意药剂混用和合用　在果园中往往需要使用多种化学药剂，如杀菌剂、杀虫剂、激素、化学肥料等。这些化学制剂之间有些有互相协同的作用，有些有互相干扰的作用，要根据喷药的目的、药剂性能、植物及病虫对药剂的反应等，考虑药剂的混用及合用问题。混用及合用是否适当，标准是不降低药效，不发生药害，减少喷药次数，降低成本。

111. 国家明令禁止使用的农药有哪些？

核桃无公害生产必须按照无公害果品生产操作规程进行，在生产上禁止使用高残留、高毒和剧毒农药，禁止使用"三致"（致畸、致癌、致突变）作用的农药，禁止使用无"三证"（农药登记证、生产许可证、生产批号）的农药。农业部规定2002年第199号公告，公布了国家明令禁止使用和不得在果树上使用的化学农药品种如表6所示。

表6　核桃生产中禁止使用的农药

农药类型	农药品种	禁用原因
有机砷杀菌剂	福美胂、福美甲胂	高残毒
取代苯类杀菌剂	五氯硝基苯	致癌
有机磷杀菌剂	稻瘟净	异味
有机氯杀虫、杀螨剂	滴滴涕、六六六、三氯杀螨醇	高残毒
甲脒类杀虫、杀螨剂	杀虫脒	慢性毒性、致癌
有机磷杀虫剂	甲拌磷、乙拌磷、久效磷、甲基对硫磷、甲胺磷、氧化乐果、磷胺、水胺硫磷、杀扑磷等	剧毒或高毒

（续）

农药类型	农药品种	禁用原因
氨基甲酸酯类杀虫剂	涕灭威、克百威、灭多威等	剧毒或高毒
二苯醚类除草剂	除草醚、草枯醚	慢性毒性

112. 杀虫剂有哪些种类？

杀虫剂的种类很多，对害虫的作用各不相同，按其作用方式可分为以下几类：

（1）**胃毒剂** 通过害虫的消化系统进入虫体，使其中毒死亡的药剂。主要用来防治以咀嚼式口器咬食、啃食、蛀食的害虫。

（2）**触杀剂** 通过接触害虫表皮或渗入虫体，使其中毒死亡的药剂。如溴氰菊酯等。

（3）**内吸剂** 通过植物的叶、茎、根部吸收进植物体内，在植物体内输导、散布、存留或产生代谢物，在害虫取食植物组织或汁液时，使其中毒死亡的药剂。主要用来防治刺吸式口器害虫。

（4）**熏蒸剂** 以气体状态通过害虫呼吸系统进入虫体内，使其中毒死亡的药剂。主要用来消灭苗木害虫和贮藏害虫，以及仓库种子害虫，如硫酰氟等。

（5）**诱致剂** 本身基本没有毒杀害虫的作用，但能引诱害虫前来，以便集中消灭的药剂。如昆虫性引诱剂、糖醋液等。

（6）**拒食剂** 害虫取食后能破坏其正常生理机能，消除食欲，以致饥饿死亡的药剂。如拒食胺等。

（7）**不育剂** 害虫经过取食或接触一定剂量后，可使其所产的卵不能孵化的药剂。如六磷胺、喜树碱等对家蝇有显著的不育效应。

（8）**昆虫生长调节剂** 通过扰乱昆虫正常生长发育，使其生活能力降低或死亡的药剂。如昆虫几丁质合成抑制剂除虫脲等。

113. 核桃炭疽病有哪些症状？如何防治？

核桃炭疽病在我国核桃产区均有发生。该病主要危害果实、叶、芽及嫩梢。一般果实被害率达 20%～40%，病重年份可高达 95%以上，引起果实早落、核仁干瘪，不仅降低商品价值，产量损失也相当严重。

（1）症状 果实受害后，果皮上出现褐色病斑，圆形或近圆形，中央下陷，病部有黑色小点产生，有时略呈纹状排列。温湿度适宜时，在黑点处涌出黏性粉红色孢子团，即分生孢子盘和分生孢子。病果上的病斑一至数十个，可连成片，使果实变黑、腐烂或早落，其核仁无食用价值。发病轻时，核壳或核仁的外皮部分变黑，降低出油率和核仁产量。果实成熟前病斑局限在外果皮，对核桃影响不大。

叶片上的病斑多从叶尖、叶缘形成大小不等的褐色枯斑，其外缘有淡黄色圈。有的在主侧脉间出现长条枯斑或圆褐斑。潮湿时，病斑上的小黑点也产生粉红色孢子团。严重时，叶斑连片，枯黄而脱落。

芽、嫩梢、叶柄、果柄感病后，在芽鳞基部呈现暗褐色病斑，有的还可深入芽痕、嫩梢、叶柄、果柄等，均出现不规则或长形凹陷的黑褐色病斑，引起芽梢枯干，叶果脱落。

（2）发病规律 病菌在病枝、叶痕、残留病果、芽鳞中越冬，成为次年初侵染源。病菌借风、雨、昆虫传播。在适宜的条件下萌发，从伤口、自然孔口侵入。在 25～28 ℃下，潜育期 3～7 天。核桃炭疽病比黑斑病发病晚。

（3）防治方法 核桃炭疽病的发生与栽培管理水平有关，管理水平差、株行距小、过于密植、通风透光不良，发病重。不同核桃品种类型抗病性差异较大，一般华北本地核桃树比新疆核桃抗病，晚实型比早实型抗病。但各有自己抗病性强的和易感病的品种和单株。

① 清除病枝、落叶，集中烧毁，减少初次侵染源。

② 化学防治，发芽前喷 3～5 度石硫合剂，开花后喷 1∶1∶
200 倍波尔多液或 50％多菌灵 600～800 倍液，以后每隔半月或 20
天左右喷一次，效果也很好。

③ 加强栽培管理，合理施肥，保持树体健壮生长，提高树体
抗病能力，改善园内通风透光条件，有利于控制病害。

④ 选育丰产、优质、抗病的新品种。

114. 核桃细菌性黑斑病有什么症状？如何防治？

核桃细菌性黑斑病是一种世界性病害，在我国各核桃产区均有
分布。该病主要危害核桃果实、叶片、嫩梢、芽和雌花序。一般植
株被害率 70％～100％，果实被害率 10％～40％，严重时可达
95％以上，造成果实变黑、腐烂、早落，使核仁干瘪减重，出油率
降低，甚至不能食用。

（1）症状　果实病斑初为黑褐色小斑点，后扩大成圆形或不规
则黑色病斑。无明显边缘，周围呈水渍状晕圈。发病时，病斑中央
下陷、龟裂并变为灰白色，果实略现畸形。严重时导致全果迅速变
黑腐烂，提早落果。幼果发病时，因其内果皮尚未硬化，病菌向里
扩展可使核仁腐烂。接近成熟的果实发病时，因核壳逐渐硬化，发
病仅局限在外果皮，危害较轻。

叶上病斑最先沿叶脉出现黑色小斑，后扩大成近圆形或多角形
黑褐色病斑，外缘有半透明状晕圈，多呈水渍状。后期病斑中央呈
灰色或穿孔状，严重时整个叶片发黑、变脆，残缺不全。叶柄、嫩
梢上的病斑长圆形或不规则形，黑褐色，稍凹陷，病斑绕枝干一
周，造成枯梢、落叶。

（2）发病规律　细菌在病枝、溃疡斑内、芽鳞和残留病果等
组织内越冬。翌年春季借雨水或昆虫将带菌花粉传播到叶和果实

上，并多次进行再侵染。细菌从伤口、毛皮孔或柱头侵入，潜育期一般 10～15 天。该病发病早晚及发病程度与雨水关系密切。在多雨年份和季节发病早且严重。在山东、河南一般 5 月中下旬开始发生，6～7 月为发病盛期，核桃树冠稠密，通风透光不良，发病重。一般本地核桃比新疆核桃感病轻，弱树重于健壮树，老树重于中、幼龄树，目前，山东省已选育出一些较抗病的优良株系。

（3）核桃细菌性黑斑病防治方法

① 结合修剪，除去病枝和病果，减少初侵染源。

② 发芽前喷 3～5 度石硫合剂，生长期喷 1～3 次 1：0.5：200 的波尔多液或 50％甲基托布津，喷 0.4％草酸铜效果也较好，且不易发生药害。还可用 0.03‰农用链霉素加 2％硫酸铜多次喷雾（半月一次），也可取得良好的效果。

③ 加强田间管理，保持园内通风透光，砍去近地枝条，减轻潮湿和互相感病。

④ 选育抗病抗虫品种，选育避病品种。

115. 核桃腐烂病何时发生？有何明显症状？怎样防治？

核桃腐烂病又称"黑水病"，属真菌性病害。受害株率可达到 50％，高的达 80％以上。主要危害枝干和树皮，导致枝枯和结实能力下降，甚至全株枯死。在同一株树上的发病部位以枝干的阳面、树干分叉处、剪锯口和其他伤口处较多。同一园中，结果核桃园比不结果核桃园发病多，老龄树比幼龄树发病多，弱树比壮树发病多。

（1）症状 幼树发病后，病部深达木质部，周围出现愈伤组织，呈灰色梭形病斑，水渍状，手指压时留出液体，有酒糟味。中期病皮失水干陷，病斑上散生许多小黑点。后期病斑纵裂，留出大量黑水，当病斑环绕枝干一周时，即可造成枝干或全树死亡。成年树受害后，因树皮厚，病斑初期在韧皮部腐烂，许多病斑呈小岛状互相串联，周围集结大量菌丝层，一般外表看不出明显的症状，当发现皮层向外流出黑液时，皮下已扩展为较大的溃疡面。营养枝或二年生侧枝感病后，枝条逐渐失绿，皮层与木质剥离、失水，皮下密生黑色小点，呈枝枯状。修剪伤口感染发病后出现明显的褐色病斑，并向下蔓延引起枝条枯死。

（2）发病规律 病菌在枝干病部越冬，第二年环境适宜时产生分生孢子，借助风雨、昆虫等传播，从伤口、剪锯口、嫁接口等处侵入。病斑扩展在4月中旬至5月下旬。一般粗放管理，土层脊薄、排水不良、水肥不足、树势衰弱或遭冻害盐碱害的核桃树易感染。

（3）防治方法

① 加强栽培管理，对于土壤结构不良、土壤脊薄、盐碱重的果园，应先改良土壤并增施有机肥料。合理修剪，增强树势，提高抗病力。

② 适当修剪，秋季落叶前疏除部分大枝，打开"天窗"，生长期间疏除下垂枝、老弱枝，以恢复树势，并对剪锯口用1%的硫酸铜消毒。适期采收，尽量避免用棍棒击伤树皮。

③ 刮除病斑，一般在春季进行，也可在生长期发现病斑随时进行。刮治的范围可控制在比变色组织大1厘米，略刮去一点好皮即可。树皮没有烂透的部位，只需将上层病皮刮除。病变达木质部的要刮到木质部。刮后涂20%农抗120水剂30倍液，涂抹两次，消毒杀菌，或用4～6波美度的石硫合剂。也可直接在病斑上涂抹3～4厘米厚的细泥，超出病斑边缘3～4厘米，用塑料纸裹紧。刮下的病皮集中销毁。

④ 树干涂白防冻，冬季日照较长的地区，冬前先刮净病斑，然后涂刷白涂剂（配方为水∶生石灰∶食盐∶硫黄粉∶动物油＝100∶30∶2∶1∶1），以降低树皮温差，减少冻害和日灼。开春发芽前（6～7月）和9月，在主干和主枝的中下部喷2～3波美度石硫合剂。

116. **怎样防治核桃枝枯病?**

核桃枝枯病主要危害核桃枝干,造成枯枝和枯干。

(1) 症状 一二年生枝梢或侧枝受害后,先从顶端开始,逐渐蔓延至主干。受害枝上的叶变黄脱落。发病初期,枝条病部失绿,呈灰绿色,后变红褐色或灰色,大枝病部稍下陷。当病斑绕枝一周时,出现枯枝或整株死亡,并在枯枝上产生密集、群生小黑点,即分生孢子盘。湿度大时,大量分生孢子和黏液从盘中央涌出,在盘口形成黑色瘤状突起。

(2) 发病规律 病菌在病枝上越冬,翌年借风雨等传播,从伤口或枯枝上侵入。此菌是一种弱寄生菌,只能危害衰弱的枝干和老龄树,因此发病轻重与栽培管理、树势强弱有密切关系。

(3) 防治方法

① 剪除病枝、死株,集中烧毁,以减少初侵染源,防止蔓延。

② 适时适树,林粮间作;加强肥水管理,增强树势,提高抗病力。

117. **怎样防治核桃苗木菌核性根腐病?**

核桃苗木菌核性根腐病又叫白绢病,多危害一年生幼苗,使其主根及侧根皮层腐烂,地上部枯死,甚至全树死亡。

(1) 症状 高温高湿时,苗木根颈基部和周围土壤及落叶表面有白色绢丝状菌丝体产生,随后长出小菌核,初为白色后转为茶褐色。

(2) 发病规律 病菌在病株残体及土壤中越冬,多从幼苗颈部侵入,遇高温高湿时发病严重。一般5月下旬开始发病,6~8月为发病盛期,在土壤黏重、酸性土或前作蔬菜、粮食等地块育苗易发病。

(3) 防治方法

① 选好圃地，避免病圃连作，选排水好、地下水位低的地方为圃地，在多雨区采用高苗床育。

② 晾土或客沙换土，换土可每年一次，一般 1～2 次见效。

③ 种子消毒及土壤处理，播前用 50％多菌灵粉剂 0.3％拌种，对酸性土适当加入石灰或草木灰，中和酸度，可减少发病。此外，用 1％硫酸铜或甲基托布津 500～1 000 倍液浇灌病树根部，再用消石灰撒入苗颈基部及根部土壤，或用代森铵水剂 1 000 倍液浇灌土壤，对病害均有一定的抑制作用。

118. 核桃云斑天牛有什么危害？如何防治？

核桃云斑天牛俗称铁炮虫、核桃天牛、钻木虫等，主要危害枝干。受害树有的主枝及中心干死亡，有的整株死亡，是核桃树的一种毁灭性害虫。

(1) 形态特征 成虫体长 51～97 毫米，密被灰色或黄色绒毛。前胸背板中央有 1 对肾形白色毛斑。鞘翅上有不规则的白斑，呈云片状，一般排列成 2～3 纵行。虫体两侧各有白色纹带 1 条。雌虫触角略长于虫体，雄虫触角超过体长 3～4 节。鞘翅基部密布瘤状颗粒，两鞘翅的后缘 1 对小刺。卵长圆形，长 8～9 毫米，黄白色，略扁，稍弯曲，表面坚韧光滑。幼虫体长 74～100 毫米，黄白色，头扁平，半缩于胸部，前胸背板橙黄色，着生黑色点刻，两侧白色，其上有黄色半月芽形斑块。前胸腹面排列 4 个不规则橙黄色斑块，前胸及腹部第 1～7 节背面有许多点刻组成的骨化区，呈口字形。

(2) 发生规律及习性 一般 2～3 年发生一代，以幼虫在树干内越冬，次年春幼虫开始活动，危害皮层和木质部，并在蛀食的隧道内老熟化蛹。蛹羽化后从蛀孔飞出，6 月中下旬交配产卵。卵孵化后，幼虫先在皮层危害，随着虫体增长，逐渐深入木质部危害。树干被蛀食后流出黑水，并由蛀孔排出木屑和虫粪，严重时整株枯死或风折。成虫取食叶片及新梢嫩皮，昼夜飞翔，以晚间活动多，有趋光性。产卵前将树干表皮咬一个月芽形伤口，将卵产于皮层中间。卵多产在主干或粗的主枝上。每头雌虫产卵 20 粒左右。

(3) 防治方法 捕杀成虫，利用成虫的趋光性，于 6～7 月傍晚，持灯到树下捕杀成虫。人工杀卵、幼虫。在产卵期，寻找产卵伤口或流黑水的地方，用刀将被害处切开；发现排粪孔后，用铁丝将虫粪除净，然后堵塞毒签或药棉球，并用泥土封好虫孔，毒杀幼虫。

119. 核桃刺蛾有什么防治方法？

刺蛾又名洋拉子、八角等，幼虫食害叶片，将叶片吃成孔洞，甚至吃光，影响树势和产量。刺蛾有多种，主要有黄刺蛾、褐边绿刺蛾、褐刺蛾和扁刺蛾。

(1) 形态特征 主要刺蛾害虫形态特征见表 7。

表 7 主要刺蛾的形态特征

刺蛾	成虫	卵	幼虫	蛹
黄刺蛾	体长 13～17 毫米，体橙黄色，前翅黄褐色，有两条暗褐色斜纹在翅尖汇合，呈倒 V 字形，后翅浅褐色	椭圆形、扁平、淡黄色	长 16～25 毫米，体黄绿色中间紫斑块，两端宽中间细，呈哑铃形	椭圆形，长 12 毫米，质地坚硬，灰白色，具黑色纵条纹，似雀蛋
褐边绿刺蛾	体长 12～17 毫米，体黄绿色，头顶胸背皆绿色，前翅绿色，翅红棕色，近外缘有黄褐色宽带，腹部及外翅淡黄色	扁椭圆形，黄绿色	体长 25 毫米，体黄绿色背具 10 对刺瘤，各着生毒毛，后胸亚背线毒毛红色，背线红色，前胸 1 对突刺黑色，末有蓝黑色毒毛 4 丛	椭圆形，棕色
褐刺蛾	体长 17～19 毫米，灰褐色，前翅棕色，有 2 条深褐色弧形线，两线之间色淡，在外横线与臀角间有 1 紫铀色三角斑	扁平、椭圆形、黄色	体长 35 毫米，体绿色，背面及侧面天蓝色，各体节刺瘤着生棕色刺毛，以第 3 胸节及腹部背面第 1、5、8、9 节刺瘤最长	椭圆形，灰褐色

（续）

刺蛾	成虫	卵	幼虫	茧
扁刺蛾	体长 15～18 毫米，体翅灰褐色，前翅赭灰色，有1条明显暗褐色斜线，线内色浅，后翅暗灰褐色	椭圆形，扁平	体长 25 毫米，翠绿色，扁椭圆形，背面稍隆起，背面白色，贯穿头尾，各体节两侧棱着生刺突4个，第4节背面有1红点	长椭圆形，黑褐色

（2）发生规律及习性 黄刺蛾一年 1～2 代，以老熟幼虫在枝条分叉处或小枝条上结茧越冬。5～6 月化蛹，6 月开始羽化。褐边绿刺蛾一年 1～3 代，以老熟幼虫在树干基部结茧越冬。扁刺蛾一年 1～2 代，以老熟幼虫在树下土中作茧越冬，第一代成虫 5 月出现，第二代下月出现。

（3）防治方法

① 摘除树上的刺蛾茧，深翻树盘挖刺蛾茧。

② 用黑光灯诱杀成虫。

③ 当初孵幼虫群聚未散时，摘除虫叶集中消灭。

④ 在成虫产卵后和幼虫期喷 90％敌百虫 800 倍液。

120. 如何防治核桃举肢蛾?

核桃举肢蛾又名核桃黑。华北产区发生严重，主要危害果实，以幼虫在青果皮内蛀食，可形成多条隧道，充满虫粪，被害处青皮变黑，危害早者种仁干缩、早落；晚者种仁瘦瘪、变黑。被害后30 天内可在果中剥出幼虫，有时一果内有十几条幼虫。果实受害率可达 70％～80％，甚至 100％，是危害核桃的主要害虫。

在河北、山西一年发生 1 代，陕西 1～2 代，河南 2 代，均以老熟幼虫于树冠下土中或杂草中结茧越冬。核桃举肢蛾 1 代区，第二年 6 月上旬至 7 月下旬越冬幼虫开始化蛹，蛹期 7 天左右，6 月下旬至 7 月上旬为越冬代成虫盛发期，6 月中下旬幼虫开始危害，30～45 天后，幼虫随脱果入土越冬，脱果期 7 月中旬至 9 月；2 代区成虫分别发生在 5 月中旬至 7 月中旬、7 月上旬至 9 月上旬，成虫昼伏夜出，卵多散产于两个果实相接的缝隙处，少数产于梗洼、萼洼、叶腋或叶上，每头雌虫产卵 35～40 粒，卵期约 5 天，幼虫蛀果后，被害果渐变琥珀色。1 代区被害果最后变黑，故称"核桃黑"；2 代区第一代幼虫多危害果壳和种仁，症状不明显，但被害果多脱落，第二代幼虫多于青皮内蛀食，被害处变黑，很少落果。

防治方法：

① 秋末或早春深翻树盘，可消灭部分幼虫。

② 及时摘除虫果和捡拾落果，集中处理。

③ 成虫羽化出土前，树冠下地面喷施药剂。

④ 2 代区可在 5 月下旬田间越冬代蛾出现后及时喷药防治，6 月中旬再防一次。1 代区可在 6 月中旬喷第一次药，7 月上旬再喷第二次药。

⑤ 山谷或茂密的果园可于成虫发生期施用烟剂，熏杀成虫。

121. 如何防治核桃横沟象？

核桃横沟象又名根象甲。在我国很多核桃产区均有分布，主要以坡底沟洼和村旁土质肥沃地方及生长旺盛核桃树上危害较重。由于该虫在核桃根颈部皮层中串食，破坏树体输导组织，阻碍水分和养分正常运输，致使树势衰弱，轻者减产，重者死亡。幼虫刚开始危害时，根颈皮层不开裂，无虫粪及树液流出，根颈部有大豆粒大小的成虫羽化孔。受害严重时，皮层内多数虫道相连，充满黑褐色粪粒及木屑，被害树皮层纵裂，并流出褐色汗液。

该虫在陕西、四川平均两年发生 1 代，前后经历三年的时间，以成虫和幼虫在根皮层中越冬。3 月下旬至 4 月上旬越冬虫开始活动，取食叶片、嫩枝。5～10 月为产卵期，90％的幼虫集中在表土下

5～20 厘米深根际皮层中危害，个别幼虫危害深度可达主根 45～60 厘米，侧根距主干 140～200 厘米处也有危害。幼虫危害期长，每年 3～11 月均能蛀食，12 月至第二年 2 月为越冬期。幼虫白色，无足。

防治方法：

① 成虫产卵前，将根颈部土壤挖开，涂抹浓石灰浆于根茎部，然后封土，以阻止成虫在根上产卵，防效好，可维持 2～3 年。

② 冬季结合翻树盘挖开根颈泥土，剥去根颈粗皮，降低根部湿度，造成不利于虫卵发育的环境，可使幼虫虫口数降低 75%～85%。

③ 4～6 月挖开根颈部泥土，用斧头每隔 10 厘米左右砍破皮层，用药液重喷根颈部，然后用土封严，毒杀幼虫和蛹，效果显著。

④ 7～8 月成虫发生期结合防治举肢蛾在树上喷药。

此外，应注意保护白僵菌和寄生蝇等横沟象的天敌。

122. 如何防治核桃木僚尺蠖？

木僚尺蠖又名小大头虫、吊死鬼，为杂食性害虫，分布较广。幼虫对核桃树危害很重，大发生年，幼虫在 3～5 天内即可把全树叶片吃光，致使核桃减产，树势衰弱。受害叶出现斑点状半透明痕迹或小空洞。幼虫长大后沿叶缘吃成缺刻或只留叶柄。

(1) 形态特征　成虫体长 18～22 毫米，白色，头金黄色。胸部背面具棕黄色鳞毛，中央有 1 条浅灰色斑纹。翅白色，前翅基部有 1 个近圆形黄棕色斑纹。前后翅均有不规则浅灰色斑点。雌虫触角丝状，雄虫触角羽状，腹部细长，末端有黄棕色毛丛。卵扁圆形，长约 1 毫米，翠绿色，孵化前暗绿色。幼虫老熟时体长 60～85 毫米，体色因寄主不同而有变化。头部密生小突起，体密布灰白色小斑点，虫体除首尾两节外，各节侧面均有 1 个黄白色圆形斑。蛹纺锤形，初期翠绿色，最后变为黑褐色，体表布满小刻点。颅顶两侧有齿状突起，肛门及臀棘两侧有 3 块峰状突起。

（2）生活习性　每年发生 1 代，以蛹在树干周围土中或阴湿石缝、梯田壁内越冬。翌年 5～8 月冬蛹羽化，7 月中旬为羽化盛期。成虫出土后 2～3 天开始产卵，多产于寄主植物皮缝或石块中，幼虫发生期在 7 月至 9 月上旬，8 月上旬至 10 月下旬老熟幼虫化蛹越冬。幼虫活泼，稍受惊动即吐丝下垂。成虫不活泼，喜晚间活动，趋光性强。5 月降水有利于蛹生存，南坡越冬死亡率高。

（3）防治方法　于 5～8 月成虫羽化期用黑光灯诱杀或堆火诱杀。早秋或早春结合整地、修台堰在树盘内人工挖蛹。幼虫孵化盛期在树下喷 25％西维因 600 倍液或敌杀死 5 000 倍液、50％杀螟松乳油 800 倍液。

123.　核桃草履蚧有什么危害？怎样防治？

草履蚧又名草鞋蚧。我国大部分地区都有分布。该虫吸食汁液，致使树势衰弱，甚至枝条枯死，影响产量。被害枝干上有一层黑霉，受害越重黑霉越多。

（1）形态特征　雌成虫无翅，体长 10 毫米，扁平椭圆，灰褐色，形似草鞋。雄成虫长约 6 毫米，翅展 11 毫米左右，紫红色。触角黑色，丝状。卵椭圆形，暗褐色。若虫与雌成虫相似。雄蛹圆锥形，淡红紫色，长约 5 毫米，外被白色蜡状物。

（2）生活习性　一年发生 1 代。以卵在树干基部土中越冬，卵孵化早晚受温度影响。初龄若虫行动迟缓，天暖上树，天冷回到树洞或树皮缝隙中隐蔽群居，最后到一二年生枝条上吸食危害。雌虫经三次蜕皮变成成虫，雄虫第二次蜕皮后不再取食，下树在树皮缝、土缝、杂草中化蛹。蛹期 10 天左右，4 月下旬至 5 月下旬羽化，与雌虫交配后死亡。雌成虫 6 月前后下树，在根颈部土中产卵后死亡。

（3）防治方法　若虫未上树前 3 月初在树干基部刮除老皮，涂宽约 15 厘米的黏虫胶带，粘胶配法：废机油和石油沥青各 1 份，加热溶化后搅匀即成。如在胶带上再包一层塑料布，下端呈喇叭状，防治效果更好。若虫上树前，用 6％柴油乳剂喷洒根颈部周围土壤。采果至土壤结冻前或翌年早春进行树下耕翻，可将草履蚧消灭在出土前，耕翻深度约 15 厘米，范围稍大于树冠投影面积。结合耕翻可在树冠下地面撒施 5％辛硫磷粉剂，每亩 2 千克，后翻耙，使药土混合均匀。若虫上树初期，在核桃发芽后喷 80％敌敌畏乳油 1 000 倍液或 48％乐斯本乳油 1 000 倍液。草履蚧的天敌主要是黑缘红瓢虫，喷药时避免喷菊酯类和有机磷类等广谱性农药，喷洒时间不要在瓢虫孵化盛期和幼虫时期。

124. 核桃铜绿金龟子有什么危害？怎样防治？

铜绿金龟子又名青铜金龟、硬壳虫。在全国各地均有分布，危害多种核桃。幼虫主要危害根系，成虫取食叶片、嫩枝、嫩芽和花柄，将叶片吃成缺刻或吃光，影响树势及产量。

(1) 形态特征 成虫长约 18 毫米，椭圆形，铜绿色具金属光泽。额头前胸背板两侧缘黄白色。翅翘有 4～5 条纵隆起线，胸部腹面黄褐色，密生细毛。足胫节和趾节红褐色。腹部末端两节外漏。卵初产时乳白色，近孵化时变成淡黄色，圆球形，直径约 1.5 毫米。幼虫体长约 30 毫米，头部黄褐色，胸部乳白色，腹部末节腹面除沟状毛外，有 2 列针状刚毛，每列 16 根左右。蛹长椭圆形，长约 18 毫米，初为黄白色后变为淡黄色。

(2) 生活习性 一年发生 1 代。以幼虫在土壤深处越冬，翌年春季幼虫开始危害根部，5 月化蛹，成虫出现期在 5～8 月，6 月是危害盛期。成虫常在夜间活动，有趋光性。

(3) 防治方法

① 成虫大量发生期，因其具有强烈的趋光性，可用黑光灯诱杀，也可用马灯、电灯、充电电瓶灯诱杀。方法是取一个大水盆（口径 52 厘米最好），盆中央放 4 块砖，砖上铺一层塑料布，把马灯或电瓶

灯放到砖上，并用绳与盆的外缘固定好。为防止金龟子从水中爬出，在水中加少许农药，或将糖、醋、白酒、水按 1∶3∶2∶20 的比例配成液体，加入少许农药制成糖醋液，装入罐头瓶中（液面达瓶的 2/3 为宜），挂在核桃园，诱杀。

② 利用成虫的假死性，人工振落捕杀。

③ 自然界中许多动物都有忌食同类尸体并厌避其腐尸气味的现象，利用这一特点可驱避金龟子。方法是将人工捕捉或灯光诱杀的金龟子捣碎后装入后塑料袋中密封，置于日光灯下或高温处使其腐败，一般经过 2～3 天塑料袋鼓起且有臭鸡蛋气味散出时，把腐败的碎尸倒入水中，水量以浸透为度，用双层布过滤 2 次，用浸出液按 1∶150～200 的比例喷雾。此法对于幼树、苗圃效果特别好，喷后被害率低于 10％。

④ 药剂防治，发生严重时，可用 2.5％敌百虫粉剂或 75％辛硫磷乳剂 1 500 倍液，喷杀成虫，防治效果 90％以上。

⑤ 保护利用天敌，铜绿金龟的天敌有益鸟、刺猬、青蛙、寄生蝇、病原微生物等。

125. 如何防治核桃小吉丁虫？

核桃小吉丁虫主要危害枝条，严重地区被害株率达 90％以上。以幼虫蛀入 2～3 年生枝干皮层，或螺旋形转圈危害，故又称串皮虫。枝条受害后常表现枯梢，树冠变小，产量下降。幼树受害严重时易形成小老树或整株死亡。

(1) 形态特征 成虫体长 4～7 毫米，黑色，有铜绿色金属光泽，触角锯齿状，头、前胸背板及鞘翅上密布小刻点，鞘翅中部内侧向内凹陷。卵椭圆形，扁平，长约 1.1 毫米，初产卵乳白色，逐渐变为黑色。幼虫体长 7～20 毫米，扁平，乳白色，头棕褐色，缩于第一胸节，胸部第一节扁平宽大，腹末有 1 对褐色尾刺。背中有 1 条褐色纵线。蛹为裸蛹，初乳白色，羽化时黑色，体长 6 毫米。

（2）**生活习性**　该虫一年发生1代，以幼虫在2～3年生被害植株越冬。6月上旬至7月下旬为成虫产卵期，7月下旬到8月下旬为幼虫危害盛期。成虫喜光，树冠外围枝条产卵较多。生长弱、枝叶少、透光好的树受害严重，枝叶繁茂的树受害较轻。成虫寿命12～35天，卵期约10天，幼虫孵化后蛀入皮层危害，随着虫龄增长，逐渐深入到皮层，直接破坏疏导组织。被害枝条表现出不同程度落叶和黄叶现象，这样的枝条不能完全越冬。在成年树上，幼虫多危害二年生或三年生枝条，被害率约72％，当年枝条被害率约4％，四年生、五年生、六年生枝条被害率分别14％、8％、2％。受害枝条无害虫越冬，害虫越冬几乎全部在干枯枝条中。

（3）**防治方法**　秋季采收后，剪除全部受害枝集中烧毁，以消灭翌年虫源。修剪时要多剪一段健康枝以防遗漏幼虫。成虫羽化产卵期及时设立诱饵，诱集成虫产卵，并及时烧掉。核桃小吉丁虫有2种寄生蜂，自然寄生率为16％～56％，释放寄生蜂可有效降低越冬虫口数量。成虫羽化出洞前用药剂封闭树干。5月下旬开始每隔15天用90％晶体敌百虫600倍液喷洒主干。成虫发生期结合防治举肢蛾等害虫，在树上喷洒90％晶体敌百虫800～1 000倍液或25％西维因600倍液。

126.　如何防治核桃缀叶螟？

核桃缀叶螟又名卷叶虫。以幼虫卷叶取食危害，严重时把叶吃光，影响树势和产量。

（1）**形态特征**　成虫体长约18毫米，翅展40毫米。全身灰褐色。前翅有明显黑褐色内横线及曲折的外横线。雄蛾前翅前缘内横线处有褐色斑点。卵扁圆形，呈鱼鳞状集中排列成卵块，每卵块有卵200～300粒。老熟幼虫体长约25毫米，头及前胸背板黑色有光泽，背板前缘有6个白点。全身基本颜色为橙褐色，腹面黄褐色，有疏生短毛。蛹长约18毫米，黄褐或暗褐色。茧扁椭圆形，长约

18 毫米，形似柿核，红褐色。

（2）生活习性　一年 1 代，以老熟幼虫在土中作茧越冬，距干 1 米范围内最多，入土深度 10 厘米左右。6 月中旬至 8 月上旬为化蛹期，7 月上中旬开始出现幼虫，7～8 月为幼虫危害盛期。成虫白天静伏，夜间活动，将卵产在叶片上，初孵幼虫群集危害，用丝粘结很多叶片成团，幼虫居内取食叶正面果肉，留下叶脉和下表皮呈网状；老幼虫白天静伏，夜间取食。一般树冠外围枝、上部枝受害较重。

（3）防治方法　土壤封冻前或解冻后，在受害根颈处挖虫茧，消灭越冬幼虫。7～8 月幼虫危害盛期及时剪除受害枝叶，消灭幼虫。7 月中下旬选用灭幼脲 3 号 2 000 倍液或杀螟杆菌（50 亿/克）80 倍液、50％杀螟松乳剂 1 000～2 000 倍液、25％西维因可湿性粉剂 500 倍液喷树冠，防治幼虫效果很好。

127.　如何防治核桃扁叶甲？

核桃扁叶甲又称核桃叶甲、金花虫。

（1）危害症状　以成虫和幼虫取食叶片，食成网状或缺刻，甚至将叶全部吃光，仅留主脉，形似火烧，严重影响树势及产量，有的甚至全株枯死。

（2）形态特征　成虫体长约 7 毫米，扁平，略成长方形，青黑色至黑色。前胸背板点刻不明显，两侧为黄褐色，且点刻较粗。翅翅点刻粗大，纵列于翅面，有纵行横纹。卵黄绿色。幼虫体黑色，老熟时长约 10 毫米。胸部第一节淡红色，以下各节淡黑色。蛹墨黑色，胸部有灰白纹，腹部第 2～3 节两侧为黄白色，背面中央灰褐色。

（3）生活习性　一年发生 1 代。以成虫在地面覆盖物或树干基部皮缝中越冬。在华北，成虫于 5 月初开始活动，云南等地于 4 月上中旬上树取食叶片，并产卵于叶背，幼虫孵化后群集叶背取食，只残留叶脉。5～6 月为成虫和幼虫同时危害期。

（4）防治方法 冬春季刮除树干基部老翘皮烧毁，消灭越冬成虫。4～5 月成虫上树时，用黑光灯诱杀。4～6 月喷 10％氯氰菊酯8 000 倍液防治成虫和幼虫，效果好。

128. 如何防治核桃瘤蛾？

核桃瘤蛾又名核桃小毛虫。幼虫食害叶子，严重时可将核桃叶吃光，造成二次发芽，枝条枯死，树势衰弱，产量下降，是核桃树的一种暴食性害虫。

（1）形态特征 成虫体长 6～10 毫米，翅展 15～24 毫米，体灰色。复眼黑色。前翅前缘至后缘有 3 条波状纹，基部和中部有 3 块明显黑褐色斑。雄蛾触角双栉齿状，雌蛾丝状。卵扁圆形，直径 0.2～0.3 毫米，初产白色，后变黄褐色。幼虫体长 15 毫米，头暗褐色，体背淡褐色，胸腹部第 1～9 节有色瘤，每节 8 个，后胸节背面有 1 淡色十字纹，腹部 4～6 节背面有白色条纹。蛹长 10 毫米，黄褐色。茧长椭圆形，丝质，黄白色，接触土粒后变为褐色。

（2）发生规律及习性 一年发生 2 代，以蛹茧在树冠下石块或土块、树洞、树皮缝、杂草内越冬，翌年 5 月下旬开始羽化，6 月上旬为羽化盛期。6 月为产卵盛期，卵散产于叶背面主侧脉交叉处。幼虫三龄前在叶背面啃食叶肉，不活动，三龄后将叶吃成网状或缺刻，仅留叶脉，白天到两果交接处或树皮缝内隐避不动，晚上再爬到树叶上取食。第一代老熟幼虫下树盛期在 7 月中下旬，第二代下树盛期 9 月中旬，9 月下旬全部下树化蛹越冬。

（3）防治方法

① 刮树皮，土壤深翻，消灭越冬蛹茧。

② 在树干上绑草诱杀幼虫。

③ 幼虫发生期（6 月下旬至 7 月上旬）喷 50％锌硫磷 1 500 倍液或敌杀死 5 000 倍液。

129. 怎样防止核桃冻害？

（1）选育抗寒品种　这是防冻最根本而有效的途径。

（2）因地制宜适地适栽　选择当地主要树种和品种，主栽种类应能保证年年有较高的产量。在气候条件较差、易受冻害的地区，利用良好的小气候，适当集中。新引进的种类必须先进行试栽，在产量和品质达到基本要求的前提下，才能加以推广。

（3）抗寒栽培　利用抗寒栽培方式，可直接或间接提高抗寒力。加强年周期综合管理对提高抗寒力有重要作用，应本着促前期旺盛生长，控后期生长，使之充分成熟，积累养分，接受锻炼，及时进入休眠的原则。保证前一年顺利越冬，春季加强氮素和水分供应，使枝条生长健壮，秋季及时控制氮肥和水分，增施磷钾肥，并采取夏季修剪，以促使新梢及时停止生长（这对幼树更为重要）。结果树应通过修剪、疏花疏果等措施调节每年的结果量，并加强病虫防治，如在寒地，浮尘子产卵常直接加重冻害和抽条发生，必须彻底防治。

（4）加强树体越冬保护　除上述措施外，必要时可采用越冬保护的方法，例如定植后3～4年内整株培土，大树主干培土、包草、涂白等有一定的效果，可根据具体情况选用。

130. 防止核桃霜冻的主要措施有哪些？

（1）延迟发芽，减轻霜冻程度

① 春季灌水、喷水，多次灌水喷水能降低土温，延迟发芽。萌芽后至开花前灌水2～3次，一般可延迟开花2～3天。连续定时喷水可延迟开花7～10天。

② 利用腋花芽结果，腋花芽由于分化较晚，春季较顶花芽萌发和开花都晚。早实核桃腋花芽率高，应尽量加以利用。

③ 涂白，春季进行主干和主枝涂白可减少太阳热能吸收，延迟发芽和开花，据试验可延迟 3～5 天。

（2）改善果园霜冻时小气候

① 加热法：加热防霜是现代防霜较先进而有效的方法。在果园内每隔一定距离放置一个加热器，在霜冻将来临时点火加温，下层空气变暖而上升，上层原来温度较高的空气下降，在果园周围形成一个暖气层。加热法适用于大果园，果园太小，微风会将暖气吹走。

② 吹风法：辐射霜冻是在空气静止情况下发生的，如利用大型吹风机增强空气流通，将冷气吹散，可起到防霜效果。

③ 熏烟法：在最低温度不低于－2℃的情况下，可在果园内熏烟。熏烟能减少土壤热量辐射散发，同时烟粒吸收湿气，使水气凝成液体而放出热量，提高气温。常用的熏烟方法是用易燃的干草、刨花、秫秸等与潮湿落叶、草根、锯屑等分层交互堆起，外面覆一层土，中间插上木棒，以利点火和出烟。发烟堆应分布在果园四周和内部，风的上方烟堆应密，以便迅速使烟布满全园。烟堆大小一般不高于 1 米。当地气象预报有霜冻危险的夜晚，在温度降至 5℃时即可点火发烟。配制防霜烟雾剂防霜，效果也很好。烟雾剂配方：硝酸铵 20%、锯木 70%、废柴油 10%。将硝酸铵研碎，锯木烘干过筛，锯末越碎，发烟越浓，持续时间越长。平时将原料分开放，在霜来临时，按比例混合，放入铁筒或纸壳筒。根据风向放置药剂，待降霜前点燃，可提高温度 1～1.5℃，烟幕可维持 1 小时。

④ 喷水或根外追肥：霜来临时，利用喷雾设备向果树体上喷水，水遇冷凝结放出潜热，并增加湿度，减轻冻害。根外追肥能增加细胞浓度，效果更好。

⑤ 加强综合栽培管理，增强树势提高抗霜能力，如霜冻已造成灾害，更应采取积极措施加强管理，争取产量，恢复树势。对晚开放的花应人工授粉，提高坐果率，以保证当年有一定的产量。幼嫩枝叶受冻后仍会有新枝和新叶长出，应促其健壮生长，恢复树势。

131. 如何防止核桃抽条?

(1) 运用综合技术措施,促使枝条充实,增强越冬性　重点是促进枝条前期生长正常,后期及时停止生长。应严格控制秋季水分,自营养生长后期开始（8月上旬左右）采取降低土壤含水量,后期不施氮肥,增施磷钾肥。秋季连续多次摘心是控制枝条后期生长、充实枝条简单易行的办法。注意防治病虫害,严防大青叶蝉在枝梢上产卵,避免机械损伤。

(2) 创造良好的小气候,减轻冻旱影响　营造防护林带可明显减轻越冬抽条。对1～3年生幼树,卧倒埋土是最简单而又安全的保护办法。应当指出,不当的保护措施反而会造成不良的后果,如树干培土及树冠扎草,均加剧了植株水分得失矛盾,从而导致抽条严重。

132. 防治日烧有哪些措施?

(1) 涂白保护　树干涂白可反射阳光,缓和树皮温度剧变,我国北方普遍采用,对减轻日烧和冻害有明显作用。通常多在冬季进行,有的地区夏季也涂白。

(2) 树冠管理　防止枝干日烧,应降低干高,多留辅养枝,避免枝干光秃裸露。防止果实日烧时应尽量在树冠内部结果。

(3) 加强综合管理,保证树体正常生长结果　生长季特别应防止干旱,避免各种原因造成叶片损伤。越冬前在干旱地区灌冻水。

十、核桃无公害果品生产技术

133. 无公害果品生产规则包括哪些内容?

(1) 环境条件 符合"国家或地方无公害农产品环境产地标准"要求。基地应选择相对集中连片,土壤肥沃,有机质含量在2%以上,水利条件优越,空气清洁,5千米内无污染源存在,其园地环境质量(大气、灌溉水、土壤)便于管理,水、电、交通方便的地方。

(2) 品种选择与配置 以适宜本地区的优良品种为主,引进品种须经引种试验成功后使用。主栽品种与授粉品种按8:1或两个以上优良品种相间栽植。采用良种嫁接苗,苗木质量符合国家或地方标准。

(3) 栽培技术

① 栽植时间秋季落叶后至春季萌芽前栽植。

② 栽植密度:据当地环境条件、技术水平确定栽植密度,一般株行距5~6米×7~8米,果粮间作园6~8米×10~12米。早实密植园3~4米×4~5米。

③ 整地时间11月至次年3月,穴状整地;整地规格为1米×1米×1米,将表土和心土分别堆放,每穴用腐熟农家肥25~30千克,与表土充分混合均匀后回填入栽植穴,心土回填栽植穴上层。

④ 栽植前剪除烂根、伤根,栽植时打泥浆,做到"三埋二踩一提苗",扶正苗木,舒展根系,苗木根颈高于地表2~3厘米。

（4）土肥水管理

① 土壤管理：为了促进幼树生长发育，应及时除草和松土。幼龄核桃可选用低秆的豆科作物或绿肥间作，代替松土除草。未间作的核桃园可根据杂草情况每年 4 月下旬和 8 月中旬松土除草，松土除草次数可视具体情况进行 3～4 次。成龄树的土壤管理主要是翻耕熟化土壤，深耕时期春、夏、秋三季均可，春季萌芽前进行，夏秋两季雨后进行，并结合施肥将杂草埋入土内。应从定植穴处逐年深耕，深度以 60～80 厘米，宽 50 厘米左右为宜，防止损伤直径 1 厘米以上的粗根，每年进行 2 次。

② 施肥技术：施肥量要根据土壤肥力、核桃生长状况和不同时期核桃对养分的需要而定，以有机农家肥为主，少施化肥，多采用放射状施肥和环状施肥。

③ 灌水：3～4 月结合春季施肥、松土，灌好萌芽水；5～6 月雌花受精后，果实迅速进入生长期，需要大量的水分，如遇干旱应灌一次果实膨大水；10～11 月初落叶前，可结合秋季施基肥灌一次封冻水。核桃树对地表积水和地下水位过高均较敏感，应及时进行排水。

（5）整形修剪

根据当地气候条件、果园土壤条件、品种特性和管理水平进行整形修剪，主要解决树体通风透光，防止结果部位外移，调节生长与结果的关系，保持优质丰产树形。

（6）保花保果

在花期搞好人工辅助授粉，提高坐果率；根据树体的生长状况，及时疏花疏果，先疏除弱树或细弱枝上的幼果，确保坐果部位在冠内分布均匀。

（7）病虫害防治

贯彻"预防为主，科学防控，依法治理，促进健康"的方针。按照病虫害发生规律和经济阈值，科学使用化学防治技术，有效控制病虫危害。采用营林措施、物理和生物措施与化学防治相结合的综合防治原则。严格执行国家规定的植物检疫制度，禁止检疫性病虫害传入。在生态最适宜区和适宜区，选用抗病、抗虫、抗逆性强的适生优良品种。加强栽培管理，增强树势，提高树体自身抗病能力；及时采取除草、松土、修剪和冬季翻土、清园等措施，减少病虫源。改善果园生态环境，保护和利用天敌资源，提高果园病虫自控能力。严禁使用国家禁止使用的农药；有限制地使用低毒、低残农药，并按 GB4285、GB/T832 的要求控制使用量和安全间隔期。

(8) 采收 适时采收，严禁过早采收，以保证果品的最佳质量。

(9) 包装与贮运 采用全新无污染的编制袋或麻袋包装。运输工具必须清洁、无污染物，不得与有毒、有害物品混运。存贮场所应荫凉、干燥、通风、防雨、防晒、无毒、无污染源。

134. 生产核桃无公害产品应具备什么条件?

无公害果品是指果树的生长环境、生产过程及包装、贮存、运输中未被农药等有害物质污染，或有轻微污染但符合国家标准的果品。无公害果品的生产有其严格标准和程序，主要包括环境质量标准、生产技术标准和产品质量检验标准，经考查、测试和评定，凡符合以上标准并经省级以上行政主办部门批准，方可成为无公害果品。

(1) 建立生态环境良好的无公害核桃生产基地 无公害核桃园一定要选生态环境较好的基地，周围不能有工矿企业，并远离城市、公路、机场、车站、码头等交通要道，以免有害物质污染。果园的大气、土壤、灌溉水要进行检测，符合标准才能确定为基地，这是生产无公害核桃的基础条件。大气、土壤、灌溉水等环境质量应以农业环保部门数据为准。果园内要清洁，不得堆放工矿废渣，禁用工业废水、城市污水灌溉，以防重金属等有害物质对果园土壤和灌溉水造成污染。

(2) 制定规范的无公害核桃生产技术规程 果品生产包括土壤、肥料、栽培、植保，为达到无公害生产要求，必须根据不同树种、品种，因地制宜采用最先进的生产技术，制定出科学实用、操作性强的生产技术规范或操作规程，其内容包括土壤改良、施肥、灌溉、整形修剪、花果管理、病虫防治、适时采收、果品分级、包装、贮藏和运输等。

（3）搞好病虫害综合防治，加强农药管理　果树病虫害种类多、危害重，必须及时防治。其防治策略要以改善果园生态环境、加强栽培管理为基础，优先选用农业和生态调控措施，注意天敌保护和利用，充分发挥天敌的自然控制作用。在农药品种选择上要大力推广使用生物制剂和高效、低毒、低残留化学农药，控制使用中等毒性农药，严禁使用高毒、高残留农药。阿维菌素属农抗类杀虫剂，其原药高毒，申报绿色食品的果园禁用，但其制剂（最高含量1.8%）低毒，使用安全，果品中至今未测出残留，无公害果品生产仍可应用。

（4）科学施肥　果园应多施有机肥和复合肥，控制施用化肥，以防止对果品和土壤污染，化肥和有机肥要配合施用，有机氮和无机氮之比以1∶1为宜。

（5）果品外观、品质　果品外观、品质要达到优等果标准，并经检测，农药、重金属等有害物质残留符合国家标准，果品的包装材料、库房、运输工具要清洁、无异味。

135.　土壤中有哪些常见的污染物质？

土壤中的污染物质一般指影响土壤正常作用的外来物质，这些物质会改变土壤的主要成分，影响树体生长与果品质量。当有害物质通过果品进入人体后会影响健康。土壤中的污染物主要通过大气污染、水体污染和作为生产投入物而进入土壤。一般来说，当土壤中有害物质含量达到一定数量值时，就会被植物吸收而积累到树体，在果实中累积，继而危害人体健康。造成土壤污染的污染物质，主要有以下几类：

(1) 有机物类 污染土壤的有机物主要是有机化学农药和除草剂等，如有机氯农药六六六、DDT 和艾氏剂等；有机磷农药如对硫磷和马拉硫磷等；氨基甲酸酯农药或除草剂；苯氧羧酸类除草剂，如 2、4－D，2、4、5－T 等，在土壤中难以分解，残留时间较长的农药或除草剂，均可形成对土壤的污染。工业中的"三废"也有许多有机污染物，如酚、油脂、多氯联苯和苯并芘等，也易进入土壤并长期积累而成为有机污染物。生活污水中的洗涤剂、塑料、粪便及油脂等，也会成为土壤中有机污染物。

(2) 重金属类 造成土壤污染的重金属有汞、镉、铅、铜、锰、锌、镍、砷等，由于这些物质在土壤中不易被微生物分解，长期积累后很难彻底消除。重金属污染土壤主要通过灌溉含有重金属的污水，含有重金属的粉尘降落到土壤，施用含有重金属工业废渣的肥料和施用含有重金属的农药制剂等引起。

(3) 放射性物质 污染土壤的放射性物质主要指核爆炸后降落的污染物，如核工业排出的液体、气体中的废弃物，通过自然降落、雨水冲刷与废弃物堆积而污染土壤等。

(4) 化学肥料 生产上大量使用的氮磷化学肥料造成土壤中积累过盛，导致土壤污染，特别是大量施用铵态氮肥，铵离子能够置换出土壤胶体上的钙离子，造成土壤颗粒分散，从而破坏土壤团粒结构。硫酸铵、氯化铵等生理酸性肥料使用过多会导致土壤微生物区系改变，促使土壤中病原菌数量增多。同时，磷肥也是土壤有害重金属的一个重要污染源，磷肥中含铬量较高，过磷酸钙含有大量镉、砷、铅，磷矿石还有放射性污染，如铀、镭等。过量使用钾肥会使土壤板结，并降低土壤 pH，从而影响植物生长。氯化钾中氯离子对果实及农作物的产量和品质均有不良影响。

(5) 致病微生物 人畜粪便、生活污水及医院垃圾中含有大量病原微生物，当人体接触被其污染的土壤后，会感染各种细菌和病毒；食用被污染土壤所生产的果品，会威胁人体的健康。因此，在靠近医院、畜禽养殖场，使用城镇污水灌溉的果园，应特别注意水源是否被污染。

136. 生产无公害果品可使用的农家肥料有哪些?

（1）**堆肥**　以多种秸秆、落叶、杂草等为主要原料，并以人畜粪便和适量土混合堆制，经过好气性微生物分解发酵而成。

（2）**沤肥**　所用物料与堆肥相同，但须在水淹条件下经过微生物嫌气发酵。

（3）**人粪尿**　必须是经过腐熟的人粪便和尿液。

（4）**厩肥**　以马、牛、羊、猪等家畜和鸡、鸭、鹅等家禽粪便为主，加上粉碎的秸秆和泥土等混合堆积，经微生物分解发酵而成。

（5）**沼气肥**　有机物料在沼气池密闭环境下经嫌气发酵和微生物分解，制取沼气后的副产品。

（6）**绿肥**　以新鲜植物体就地翻压或异地翻压，或经过堆沤而成的肥料。这类植物有豆科植物和非豆科植物，在果园以豆科植物为多。

（7）**秸秆肥**　以麦秸、稻草、玉米秸、油菜秸等直接或经过粉碎后铺在果园，在田间自然沤烂后翻于土中。

（8）**饼肥**　由油料作物的籽实榨油后剩下的残渣制成的肥料，如菜籽饼、棉籽饼、豆饼、花生饼、芝麻饼、蓖麻饼等，可直接施入，也可经发酵后施入。

（9）**腐植酸肥**　以含有腐植酸类物质的泥炭、褐煤、风化煤等加工制成的含有植物所需营养成分的肥料。

137. 生产无公害果品可使用哪些商品肥料?

（1）**商品有机肥**　以大量植物残体、畜禽排泄物及其他生物废料为原料加工制成的商品肥料，包括膨化鸡粪、干燥羊粪及牛粪等。

(2) 腐植酸类肥料 以含有腐植酸类泥炭、褐煤和风化煤等，经过加工制成含有植物营养成分的肥料。

(3) 微生物肥料 以特定微生物菌种培养生产的含活的微生物制剂，包括根瘤菌肥料、复合微生物肥料、固氮菌复合肥料、光合菌复合肥料以及其他有益菌肥。

(4) 有机复合肥 经无害化处理的畜禽粪便及其他生物废物，加入适量微量元素所制成的肥料。

(5) 无机（矿质）肥料 由矿物经物理或化学工业方式制成，养分呈无机盐形态的肥料，包括矿物钾肥、硫酸钾、矿物磷肥（磷矿粉）、煅烧磷酸盐、脱氟磷肥、石灰、石膏和硫黄等。

(6) 叶面肥料 喷施于植物叶片并能被植物利用的肥料，不得含有化学合成的生长调节剂。

(7) 有机无机肥 有机肥料与无机肥料经过机械混合或化学反应而成的肥料。

(8) 掺合肥 在有机肥、微生物肥、无机肥和腐植酸肥中按一定比例掺入化肥（硝酸氮肥除外），并经过机械混合而成的肥料。

此外，还包括不含有毒物质的食品、纺织工业的有机副产品、骨粉、氨基酸残渣、骨胶废渣、家畜家禽加工废料、糖厂废料等有机物所制成的肥料。

138. 生产无公害果品使用肥料有哪些原则？

（1）按规定标准选用无公害果品允许使用的肥料，禁止使用硝态氮肥。

（2）化肥必须与有机肥配合施用，有机氮与无机氮之比不超过 1∶1.5。

（3）化肥可与有机肥、复合肥、生物肥配合使用。

（4）城市生活垃圾一定要经过无害化处理，达到质量标准后方可使用。

（5）秸秆还田，包括秸秆过腹还田、直接翻压还田和覆盖还田等，允许用少量氮素调节碳氮比。

（6）依据测土配方施肥原则，合理确定施肥总量，选择适宜的氮、磷、钾及微量元素施用比例。

（7）腐熟沼气液、残渣、人畜粪尿可用作追肥，严禁施用未腐熟的人畜粪尿。

（8）饼肥优先用于水果和蔬菜，禁止施用未腐熟饼肥。

（9）喷洒叶面肥料要严格执行操作规程。

（10）微生物肥料可作基肥和追肥使用。

139. 无公害果品生产允许使用的农药有哪些？

根据《农药安全使用标准》（GB4285—1989）和《农药合理使用准则》（GB8321—1987），无公害果品生产允许使用的农药如下：

（1）生物杀虫杀菌剂　如苏云金杆菌、青虫菌、绿僵菌、白僵菌、浏阳霉素、多抗霉素、井岗霉素、阿维霉素和农抗120等。

（2）植物性杀虫杀菌剂　如除虫菊素、烟碱、苦楝素、大蒜素和芝麻素等。

（3）无机农药、石硫合剂及其硫制剂　如硫胶悬剂、硫悬浮剂、硫水分散粒剂，波尔多液及其铜制剂，如必备、科博、氢氧化铜、松脂酸铜等。

（4）昆虫生长调节剂　如灭幼脲、卡死克、扑虱灵、性引诱剂和性干扰素。

（5）选择性杀螨剂　如抗蚜威、吡虫啉、螨死净、尼索朗和三唑锡等。

（6）选择性杀菌剂　如多菌灵、甲基托布津、代森锰锌、扑海因、粉锈宁、福星及百菌清等。

140. 无公害果品生产限制使用的农药有哪些？

无公害果品生产限制使用的农药及用量如表 8 所示。

表 8 无公害果品生产限制使用的农药及用量

农药名称	类别	最后一次用药距采收的时间	常用药量	一年最多喷药次数
歼灭	杀虫剂	21 天	10%乳油 3 000～4 000 倍液	2
杀螟硫磷	杀虫剂	30 天	50%乳油 1 000～1 500 倍液	1
四螨嗪	杀螨剂	30 天	20%悬浮剂 1 600～2 000 倍液	1
三唑锡	杀螨剂	30 天	25%可湿性粉剂 1 000～1 500 倍液	2
辛硫磷	杀虫剂	不少于 10 天	50%乳油 500～2 000 倍液	1
抗蚜威	杀虫剂	10 天	50%可湿性粉剂 1 500 倍液	1
氯氢菊酯	杀虫剂	5～7 天	10%乳油 2 000～3 000 倍液	1
溴氢菊酯	杀虫剂	7 天	2.5%乳油 800～1 500 倍液	1
氰戊菊酯	杀虫剂	10 天	20%乳油 800～1 200 倍液	1
甲霜灵（瑞毒霉）	杀菌剂	5 天	50%可湿性粉剂 800 克液	1
多菌灵	杀菌剂	7～10 天	25%可湿性粉剂 500～1 000 倍液	1
腐霉利（二甲菌核利）	杀菌剂	5 天	50%可湿性粉剂 1 000～1 200 倍液	1
扑海因（异菌脲）	杀菌剂	10 天	50%可湿性粉剂 1 000～1 500 倍液	1
粉锈宁	杀菌剂	7～10 天	20%可湿性粉剂 500～1 000 倍液	1
必备	杀菌剂	7 天	80%可湿性粉剂 400 倍液	5
科博	杀菌剂	10 天	78%可湿性粉剂 800～600 倍液	3
代森锰锌	杀菌剂	10 天	80%可湿性粉剂 600～800 倍液	3
福美双	杀菌剂	30 天	50%可湿性粉剂 500～1 000 倍液	2

（续）

农药名称	类别	最后一次用药距采收的时间	常用药量	一年最多喷药次数
退菌特	杀菌剂	30 天	50%可湿性粉剂 500～1 000 倍液	1
甲基硫菌灵	杀菌剂	30 天	70%可湿性粉剂 1 000 倍液	2
烯唑醇	杀菌剂	21 天	12.5%可湿性粉剂 4 000 倍液	1
疫霜灵	杀菌剂	15 天	80%可湿性粉剂 100 克、1 000 倍液	2
粉锈宁	杀菌剂	20 天	25%可湿性粉剂 1 500～2 000 倍液	1
农利灵	杀菌剂	7 天	50%可湿性粉剂 600～800 倍液	2
嘧霉胺	杀菌剂	21 天	40%胶悬剂 800～1 000 倍液	2

141. 怎样进行无公害果品认证和市场定位？

根据《无公害农产品管理办法》（农业部、国家质检总局第 12 号令），无公害农产品认证分为产地认定和产品认证。产地认定由省级农业行政主管部门组织实施，产品认证由农业部农产品质量安全中心组织实施。获得无公害农产品产地认定证书的产品方可申请产品认证。无公害农产品定位的宗旨是保障基本安全，满足大众消费需要。

142. 无公害核桃产品认证的依据与程序有哪些？

无公害核桃产品认证依据中华人民共和国农业部颁发的农业行业标准（NY5000 系列标准）。无公害核桃产品认证要按以下程序进行。

① 省、直辖市、自治区农业行政主管部门组织完成无公害农产品产地认定及环境监测，并颁发《无公害农产品产地认定证书》。

② 无公害农产品省级工作机构接收《无公害农产品认证申请》及附报材料后，审查材料是否齐全、完整，核实材料内容是否真实、准确，生产过程是否有禁用农业投入品使用和投入品使用不规范的行为。

③ 无公害农产品定点检测机构对送检产品进行抽样、检测。

④ 农业部农产品质量安全中心所属专业认证分中心对省级工作机构提交的初审情况和相关申请资料进行复查，对生产过程中控制措施的可行性、生产记录档案和产品《检验报告》的符合性进行审查。

⑤ 农业部农产品质量安全中心根据专业认证分中心审查情况，再次进行形式审查，对符合要求的，组织召开认证评审专家会，进行最终评审。

⑥ 农业部农产品质量安全中心颁发无公害农产品证书，核发无公害农产品标志，并报农业部和国家认监委联合公告。

主 要 参 考 文 献

张美勇，等.2008.核桃优质高效安全生产技术.济南：山东科学技术出版社.

张志华，等.1995.核桃优良品种及其丰产优质栽培技术.北京：中国林业出版社.

郗荣庭，等.1991.中国核桃.北京：中国林业出版社.

郗荣庭，等.2005.中国干果.北京：中国林业出版社.

冯明祥，等.2004.无公害果园农药使用指南.北京：金盾出版社.

图书在版编目（CIP）数据

薄壳早实核桃栽培技术百问百答／张美勇等编著
.—2版.—北京：中国农业出版社，2014.12
（专家为您答疑丛书）
ISBN 978-7-109-19942-2

Ⅰ.①薄… Ⅱ.①张… Ⅲ.①核桃—果树园艺—问题
解答 Ⅳ.①S664.1-44

中国版本图书馆CIP数据核字（2014）第294329号

中国农业出版社出版
（北京市朝阳区麦子店街18号楼）
（邮政编码100125）
责任编辑 杨天桥

中国农业出版社印刷厂印刷 新华书店北京发行所发行
2015年1月第2版 2015年1月北京第1次印刷

开本：880mm×1230mm 1/32 印张：5
字数：121千字 印数：1～4 000册
定价：20.00元
（凡本版图书出现印刷、装订错误，请向出版社发行部调换）